投考消防救護

能力傾向測試解題天書

消防救護
力傾向
題王

試題王 應試必備

300條模擬試題，題目解碼

詳盡題型練習及模擬試卷

資深紀律部隊課程顧問編寫

投考消防救護必備天書

前副消防總長盧樹楠
前消防總隊目許培道　聯合推薦

Eric Sir
Mark Sir 著

【推薦序 1】

　　消防及救護工作，一往以來都能贏取市民的讚賞及尊重，形象健康，這有賴消防及救護人員，縱使面對危險，仍全力以赴，這都是建基於消防人員強烈的使命感。市民對消防人員的正面形象絕不是一朝一夕建立，而是各同事多年來，努力不懈，秉持優秀及卓越的表現所累積起來的。

　　消防處致力提升前線員工的裝備，除了可保障前線人員的安全，盡量減低前線人員受傷的機會外，更可增加救援效率。消防處亦非常重視加強員工的專業訓練，例如實火訓練、室內煙火特性訓練等，更成立一些特別救援專隊，例如「特別搜救隊」、「高空拯救隊」等，更會派員往外地接受專門訓練或交流，吸收外國同業的經驗，以提升應付一些特大事故，如房屋倒塌、山泥傾瀉等的救援及應變能力。

　　時至今日，消防處的角色除了滅火救人的任務，更肩負推動防火宣傳教育，消除火警隱患的責任，加強執法、定期巡查等工作。近年來，消防處亦重視融入社羣，結合社區力量，例如推展 [消防安全大使計劃] 及 [救心先鋒] 等，積極並鼓勵市民參與防火宣傳及救護工作，提高市民的消防安全意識及對緊急救護服務的認識。

　　消防處工作不僅艱巨，工作範圍亦日趨多元化。因此，消防處在招聘及相關的遴選過程中，對考生的要求亦非常嚴格。能夠成為消防處一份子，要經過一連串的招聘關卡。以往不少應徵者只著重如何通過「體能測試」及「模擬實際工作測驗」，對「能力傾向測試」則較為陌生，往往忽略了的應試準備，因此影響了成績，這是十分可惜的事。希望這本《投考消防／救護　能力傾向測試解題天書》的面世，讓有心服務港人的朋友，能由此熟習並掌握個中技巧，對應付「能力傾向測試」，做好充足的準備，增強信心，創造佳績，成為消防處的一份子。

盧樹楠 - 前香港消防處 副消防總長
香港科技專上書院
消防員／救護員實務 毅進文憑課程顧問

【推薦序2】

香港消防處是隸屬於保安局轄下的其中一支紀律部隊，亦是世界上其中一支最出色的消防及救援部隊，其主要職責是「消防」及「救護」的任務。

隨著香港社會不斷的發展和急速轉變，消防處肩負「滅火、防火、救援、救護」的重要使命。而香港消防處在過去的歲月裡，亦不斷追求卓越，竭誠為市民大眾提供服務為本、精益求精的優質服務，保障市民的生命及財產，免受火警及其他災難傷害，務使香港成為安居樂業的地方。

消防員每天均面對救火、救人的艱巨工作，同時亦需要不斷地進行消防安全巡查、消防安全教育以及採取執法行動，藉以消除火警危險。

而救護員則每日均需面對不同程度的傷病者，為傷病者提供緊急救護服務。兩者均履行「救災扶危，為民解困」的重大使命，需要具備出類拔萃的能耐。

為了應付社會瞬息萬變所帶來的種種挑戰，消防處在招募有志投身「消防」或「救護」職系之投考者時，冀望投考者能夠具備有不怕艱辛、勇於接受挑戰、遇困難時不屈不朽、著重團隊之精神。

因此，投考人士必須要做好充分準備，裝備自己，嚴陣以待，才能通過消防處嚴謹的招募遴選程序。

消防處的招募遴選程序分為多個階段進行，當中包括有「體能測試」及「模擬實際工作測驗」，能夠順利通過的考生約有五成機會；

而另一階段的「能力傾向測試」範圍甚廣，當中包括有「中文語言理解」、「英文語言理解」、「數字理解」、「視覺空間理解」、「機械知識理解」等，能夠再一次順利過關的投考者更是少之又少。因而往往失去參與面試的機會。

基於「能力傾向測試」的每一部分，均有不同形式的細節以及答題技巧，投考者若然準備不足，則會被這項測試難倒。所以我與多位已經退休的消防處前輩及 Mark Sir，共同攜手合作，走訪過去曾經參與應試的考生，並且搜集最新的資料，從而彙編這本《投考消防／救護　能力傾向測試解題天書》，期望讓有志投身消防或救護職務的有志人士，能夠作出充分準備，從而有足夠信心應付「能力傾向測試」的招募遴選程序。

Eric Ng - **前消防處 消防隊長**

香港科技專上書院

消防員／救護員實務 毅進文憑課程顧問

【推薦序 3】

我曾經服役消防處達 28 年，退役時為消防總隊目（俗稱：老總）。

我能夠在消防處服務這麼多年，因為我認同消防這份職務具有重要的意義，就是可以拯救生命。

過去同僚笑稱我為「超級消防員」，這是大家客氣的讚許，原因是我任職消防處之時，在「體能測驗」的分數曾經創下驚人紀錄。

消防處的「體能測驗」如能獲取 120 分，就已經是「A 級」，但我的體能分數卻曾經達至 1000 分的成績。

我認同作為消防員，均須具備極佳的體能，才能夠勝任救火扶危的艱辛工作，並且於危難中發揮作用。這是作為消防員最基本的職責及使命。

但現今如果想成為消防員，則必需要「文武雙全」，不能只著重於操練體能，因此忽略招募過程中所需的其他要求。

而每一位考生均必須通過由消防處所設立的招募遴選程序，當中筆試（能力傾向測試）的環節，會用作評核考生的其中一個考慮因素。因而導致不少考生卻步，失去獲取錄的機會，亦是入職消防處的一大障礙。

各位有志的考生，應該好好利用這本由多位前消防處的前輩，共同攜手策劃的《投考消防／救護 能力傾向測試解題天書》做足準備，為實踐理想加入消防處成為『消防員』或『救護員』，為香港社會作出貢獻以及為市民服務。

許培道 - 前消防總隊目
香港科技專上書院
消防員／救護員實務 毅進文憑課程顧問

【前言】

香港消防處是保安局轄下的紀律部隊，主要負責「消防」及「救護」事務。

隨著香港社會不斷發展和急速轉變，消防處肩負「滅火、防火、救援、救護」的重要使命，不斷追求卓越，致力為市民大眾提供服務為本、精益求精的優質服務，保障市民的生命及財產，務使香港成為安居樂業的地方。

消防員每天面對救火救人的艱鉅工作，亦要進行消防安全巡查、消防安全教育以及採取執法行動，藉以消除火警危險。而救護員每日則需面對不同程度的傷病者，為傷病者提供緊急救護服務。兩者均極具挑戰性，需要極強的應變能力。

為了應付社會瞬息萬變所帶來的種種挑戰，消防處在招聘有意投身「消防」或「救護」聯系之投考者時，希望聘用的人員，是不怕艱辛、樂於接受挑戰、遇困難時不易認輸、具備團隊精神、迎接轉變及克服困難的人才。

【投考消防員遴選程序】

第 1 關

    初步視力測試

    體格量度（量度身高、體重）

    體能測驗

    模擬實際工作

第 2 關

    能力傾向測試

第 3 關

    面試

第 4 關

    個人資料審查及驗身

提提你

　　申請人若持有本港以外學府及非香港考試及評核局頒授的學歷，於申請時遞交全部修業成績副本及證書副本。持有非本地學歷的申請人，如在網上遞交申請，必須於截止申請日期後的一個星期內把修業成績副本及證書副本寄交消防處作進一步處理，及在信封面和文件副本上註明網上申請編號。

　　如申請人未能提供上述所需資料或證明文件，其申請書將不獲受理。

　　政府職位申請表（GF340）可於就近消防局或救護站、民政事務總署各區民政事務處諮詢服務中心或勞工處就業科各就業中心索取，表格或可透過公務員事務局互聯網站（http://www.csb.gov.hk）下載。招募查詢熱線：2733 7673

　　注意：只有初步入選的申請人才會獲邀參加面試。

【獨家模擬能力傾向測試】

「能力傾向測試」的試卷共分為四部份,全部均是中文,試題正如信中所述,當中包括:

(1) 語言理解(中文)

(2) 數字理解

(3) 視覺空間理解

(4) 機械知識理解

「能力傾向測試」的試卷的四部份均是以「選擇題」形式作答,當中形式如下:

1. 語言理解(中文):

題目是由三至六行之文字段落所組成之文字推理,約四至五條題目,但題目形式只集中兩三類,例如:排除形式、比較形式、隱含形式。建議每題首先看清楚題目的要求,再閱讀歸類,因為段落較長,容易受擾亂,小心題目字眼!

2. 數字理解:

試題程度大約是小六至中三,只要有一定的數學基礎,在掃描題目後,其實已經大約知道如何計算,但是關鍵是計算之速度。因為時間有限。

例如曾經出過的數字理解題目:9+99+999+9999+99999 = ?

3. 視覺空間理解：

空間思維，只靠右腦發揮，而且是多數人答錯較多的部份，同時亦都是不能通過原因。

4. 機械知識理解：

試題集中在力學原理、熱學和波動學層面，有些題目是重覆上一次之「能力傾向測試」題目，不過有些題目作答時以為答對，但其實是答錯的。

提提你

「能力傾向測試」的試卷正常為 60 分鐘，答題大約 60 條，即是平均 1 分鐘 1 條，故此是沒有時間覆卷。建議有意投考者，多訓練腦筋，特別右腦，多角度思維。

重要建議：絕不能相信討論區的言論，否則困擾自己，抱恨終身。

目錄

Part 01
中文語言理解

PART 1

中文語言理解

1. 利用假設法找主旨句

假如你在投考紀律部隊的考試過程中，看到一個文段，卻又不知道文段中哪一句是主旨句，那麼就需要運用到關聯關係和結構層次來找規律。但這樣的方法也有一個缺陷，缺陷在於有些考生對言語的反應比較不太敏感，再加上他們在考場上一緊張，方法就會忘光，做題也就沒有效率。此時，可用假設主旨句的方法找主旨句。

按正常情況下，公務員考試當中一個文段，不會超過四個句子，只是有長有短而已。在言語題中，一個句子中的主旨句多是文段中的首尾句。在此時，如果考生先入為主，首先假設第一句為文中的主旨句，就認真的看。看完之後，此時你就會對第一句在文中的作用有一個判斷，如果其中主旨句，後文即可不看，或略看；如果其不是主旨句，就重看尾句，當尾句不是主旨句時，就基本上可以判斷出文中的主旨句在中間了。

事實上，文段中的每一個句子在文中都有其特定的作用，有時候，考生甚至可以重點看分句，比如，常在文段中看到引用部份的名言警句，其實，理解力強的人可通過此來判斷出文中的主旨，因為它們當中所蘊含的觀點就是文中的主旨。

至於怎樣從形式上判斷首尾句是否是主旨句呢？專家們經過對公務員考試言語題的總結，首尾句無非有以下作用。

首句的作用：

1. 引子：事實陳述，引入一個話題。
2. 介詞引導的句子，其都是一些事實陳述，不是主旨。
3. 並列結構，句子作用相等。
4. 文中主旨
5. 援引：引用、別人的觀點
6. 提出問題

尾句的作用：

1. 由介詞引導的句子，充當補語。
2. 文中主旨；並列結構，各個句子的作用相同。
3. 反面論證
4. 解釋說明
5. 舉例子

當考生從形式上判斷出其不是文中主旨時，就可以不重點看首尾句了，而重點看其他句子。

【例題】

「孔子曰：『未知生，焉知死？』」，生與死自孔子時起便是中國人始終關注的問題，並得到各種回答，尤其在漢代，人們以空前的熱情討論這兩個問題，不僅是出於學者的學術興趣，亦出於普通民眾生存的需要。然而，正如孔子所說，在中國思想史上，對生的問題的關注似乎遠勝於對死的問題的追問。有時候人們確實覺得後者更重要，但這並非由於死本身，而是因為人們最終分析認為，死是生的延續。」

這段文字的核心觀點是：

A. 孔子關於生死的看法對中國人產生深遠影響
B. 生與死是中國思想史上長期受到關注的問題
C. 中國人對生與死的問題的討論實際以生為旨歸
D. 對生死問題的不同答案源自討論者的不同觀念

【答案】C

【解析】
方法簡單，用時也短。考生一看第一句是引用部份，其為觀點服務。按照主旨句的方法，其可略看或不看。事實上，如認真看此句，文中主旨即立即出現。後文也無須再看。第一句講「未知生，焉知死？」，強調的是生的重要性，從選項來看，C 項也是再強調生的重要性，即與引用部份意思相符，答案即為 C。

引用部份為觀點服務，它之所以能論證觀點，是因為其中也有論點，只不過是隱性的論點，需要考生從中提取和概括而已。

　　如用假設主旨法，第一句為引用，肯定不是主旨，不看；再看最後一句，最一句以「有時候」開頭，講一種特例，也不是文中主旨，據此，考生可判斷文中主旨便在中間，故主旨句立即出來了。這樣做，用時短，做題效率高。

2. 運用三段論快速解題

　　在投考紀律部隊的考試中，「三段論」是一個必考的題目類型。下面給大家列舉了三種解題技巧，希望對大家備考有所幫助。

一、明確問法

　　主要分為兩種題型，一種是前提型；一種是結論型。如果題幹給出一個前提或多個前提以及一個結論，問必須補充下面哪一項作為前提的話，這種即是前提型；如果題幹中給出了兩個或多個前提，問可以得到什麼結論，這種是結論型。

　　對於前提型題，主要用三段論的規律，快速排除錯誤選項，選出正選；針對結論型，主要運用畫文氏圖的方法解題。

【例題】

　　某些公務員是行政管理專業的，因此，某些行政管理專業的人做管理工作。

　　上述推理如果成立，必須補充以下哪項作為前提？

A. 所有公務員都做管理工作

B. 某些公務員不是做管理工作的

C. 某些行政管理專業的人不是公務員

D. 所有行政管理專業的人都是公務員

【答案】A

　　【解析】這道題是典型的三段論前提型題目，如果根據語感來做需要逐一對比選項，且容易選在 C、D 項，但是這道題目如果根據解題步驟首先數概念，發現公務員和管理工作只出現一次；第二根據口訣前提有些結論有些，補所有；第三根據口訣不所有時結論中不出現概念（即公務員）緊跟所有對應 A 選項，整個解題只需 5 秒。

二、前提型對比選項

首先由兩個含有共同項將兩個前提結合在一起，從而得出一個新結論的演繹推理。三段論由三個性質判斷，即兩個前提、一個結論，所以叫做「三段」論。三段論的核心本質在於「傳遞」。

例如：

（1）1<2，2<3，則 1<3。

（2）A 是美國人，所有美國人愛吃牛排，則 A 愛吃牛排。

以上這些都是最簡單的三段論例子。

1. 找規律

三段論的四種標準形式：

a. 所有 A 是 B，所有 B 是 C，則所有 A 是 C。

b. 所有 A 是 B，所有 B 不是 C，則所有 A 不是 C。

c. 有些 A 是 B，所有 B 是 C，則有些 A 是 C。

d. 有些 A 是 B，所有 B 不是 C，則有些 A 不是 C。

總結標準三段論：

a. 每個完整三段論，ABC 三個詞項都只出現 2 次。

b. 前提中含「有些」，結論是「有些」。

c. 前提中含「否」，結論是「否」。

d. 「有些＋有些」推不出 AC 的關係。

e. 「否＋否」也推不出 AC 的關係。

2. 主謂拆分

主謂拆分，拆分的是主項和謂項，其實這種方法就是三段論的逆向思考。而什麼樣的題型適合應用這種方法呢？首先要了解三段論的四種標準形式：

所有 A 是 B＋ 所有 B 是 C 所有 A 是 C

所有 A 是 B＋ 所有 B 不是 C 所有 A 不是 C

有些 A 是 B＋ 所有 B 是 C 有些 A 是 C

有些 A 是 B＋ 所有 B 不是 C 有些 A 不是 C

其實三段論的題型無外乎這兩種：一種是通過前提求結論的結論型；一種是通過其中一個前提和結論求另一個前提是誰的前提。如果題幹只給一個前提和一個結論，我們通常會用三段論的推理規則解題，但如果題幹給了兩個前提和一個結論，通過這些已知條件再求前提，這樣難度就加大了。正常情況下是兩個前提、一個結論，就基本形式而言，不會出現三個前提一個結論，也就是有一個前提對於解題的幫助不大，如何來判定是哪個前提呢，就需要應用主謂拆分法。

拆分的是結論，把結論的一句直言命題沿著主項和謂項的方向拆成兩句直言命題，這兩句話是分別含有結論的主項和謂項，通過這兩句話確定中間缺少的中項 B 是誰，從而確定答案。比如我們來拆四種標準形式的第一句話。結論是所有 A 是 C，拆成兩句話分別含有主項 A 和謂項 C，即拆成兩個部份：一個是所有 A，一個是 C，中間加上「是 B」、「所有 B」即可。這兩句拆分後的命題，一句應該是已知條件，一句是應填選項。所有的主謂拆分法要補充的都是「是 B、所有 B」，把拆分後的每一句話和已知條件對應，就可以確定哪個已知條件是無用的條件，從而確定 B。

三、結論型畫圖是法寶

用文氏圖表示題幹所給概念間的關係。

畫圖原則：先畫所有，後畫有些，所有畫圈，有些畫點，點可以無限擴大。根據所畫文氏圖，對照選項，得出答案。

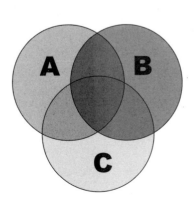

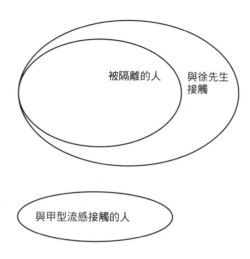

【例題】

「所有與甲型 H1N1 流感患者接觸的人都被隔離了。所有被隔離的人都與徐先生接觸過。」

假設上述命題為真，則下面哪一個命題也是真的？

A. 可能有人沒有接觸過甲型 H1N1 流感患者，但接觸過徐先生。

B. 徐先生是甲型 H1N1 流感患者。

C. 所有與徐先生接觸過的人都被隔離了。

D. 所有甲型 H1N1 流感患者都與徐先生接觸過。

【答案】A

【解析】只能得出所有與甲型 H1N1 流感患者接觸過的人都與徐先生接觸過，不能得出徐先生一定就是患者，故 B 錯，從圖中可以很直觀的看出 C 也錯。D 為無關選項。除了最小那個圈以外的環形即代表沒有接觸過甲型 H1N1 流感患者，但接觸過徐先生，故選 A。

3. 篩選主題詞鎖定選項

　　片段閱讀的題目比例逐年提高，迷惑性選項增多，自然增加解題時間及難度。面對這一現狀，如何在有限的時間內快速找到材料重點，並鎖定選項，避免在無關信息上浪費時間，就成為了我們的必修課。以下分享一個快速找到材料重點確定選項的方法——篩選主題詞鎖定選項。

　　主題詞是一段材料論述的中心，也是材料討論的重點。能夠找到材料的重點，我們也就可以站在作者的角度，知道他要描寫什麼事物或者明確他的觀點是什麼。某一個選項想成為正確選項必須符合作者的出發點和立意，故應緊貼材料中的話題、中心。也就是說，包含材料主題詞的選項應成為我們重點關注的選項，從而排除掉迷惑性的選項，即不包含材料主題詞的選項。

　　那如何確定主題呢？以下給大家介紹兩個方法：

一、尋找材料中重覆出現的詞語

　　一段材料中頻繁出現的詞語，一定是材料圍繞的話題。日常生活中也是如此，我們想要給別人介紹一本書，那麼這本書的名字就應該是在你的表達中經常出現的一個詞語。如：最近我看了一本書叫《偷影子的人》，這本書講述一個能夠偷走別人影子的男孩，與其他人影子的對話，看了《偷影子的人》我學會了與孤獨對話，與朋友對話，與真實的自己對話。推薦你們看《偷影子的人》。無論是書名號的提示還是「影子」這個詞的不斷出現，都在告訴你這段話圍繞的主題是什麼。

　　下面給大家舉個例子來感受一下如何找主題詞：

【例題】

　　「信用不是從誠信產生的，信用作為特定的經濟交易行為，是經濟發展到一定階段的產物，是為了實現高效交易而建立的一種正式制度，具有

強制性和規範性。信用未必依賴於誠信，經濟活動的交易雙方講信用，可能只是因為契約強制，並不是出於誠信。我們講現代經濟是信用經濟，但從來不講現代經濟是誠信經濟。」

這段文字意在說明：

A. 信用與誠信的關係

B. 現代經濟的基礎

C. 誠信與契約的不同作用

D. 現代經濟正常運行的制度保證

【答案】A

【解析】文段首句即說「信用不是從誠信中產生的」，並指出它是經濟發展到一定階段的產物。接著說「信用未必依賴於誠信」，並對這句話做了進一步的解釋。最後一句又總結了兩者的關係。故文段意在說明的是信用與誠信的關係。A 項與此相符中。

這道題目用篩選主題的方法基本不需要多思考材料意思，通讀完材料最明顯呈現出來的兩個詞就是「信用」和「誠信」，出現的次數相當之多，這兩個詞就是材料的主題詞。故重點關注包含這兩個主題詞的選項 A 即可。不包含主題詞的選項均可快速排除。

二、尋找主要對象的共同屬性

很多材料不像上述例題有明顯的主題詞，沒有一個詞是重複出現的，此時該如何確定主題？這種沒有重複出現詞語的材料基本是並列結構，幾個並列的分句看似無關，實則指向的是同一個主題，所以需要我們歸納概括這幾個分句中主要論述對象的共同屬性，即為材料的主題詞。要求考生具有歸納概括的能力，且歸納全面，任何一個分句都不能漏掉。

【例題】

生活在澳洲的皺褶蜥蜴，當對入侵者發出威嚇時，會將脖子上褶皺的皮膚全部打開，看著很像一隻體型碩大的動物。生活在北冰洋的雄海象們，在繁殖期為了保護自己的「戀人」和「婚房」，它們會朝著進入其領地的其他雄海象大張其口，意思是說：「都走遠點兒！」而水中的棘魚開始建巢籌備「婚事」時，它的腹部會變成亮紅色。此時，若有另外一條紅肚子的雄性棘魚闖入它的領域，爭鬥就是不可避免了。

作者列舉這些事實意在說明：
A. 繁殖期的動物對領地問題尤其敏感
B. 動物常因領地問題而劍拔弩張
C. 動物會通過形體警告來捍衛自己的領地
D. 動物與人類一樣也有領地爭端

【答案】C

【解析】文段為並列結構。通過皺褶蜥蜴、雄海像和棘魚在其領地受到侵犯時採取改變身體形狀、大小、顏色來保護領地的例子說明動物在領地受到侵犯時會採取形體的警告來捍衛領地，Ｃ項與此相符。Ａ項以偏概全，皺褶蜥蜴捍衛領地不是在繁殖時期，排除中。

這段材料為並列結構的材料，沒有重覆出現的詞語，但是通讀全文之後感受到幾個分句想要表達的觀點是一致的，及Ｃ選項所說「通過形體警告來捍衛自己的領土」，這就是材料的主題。Ｃ也是對於題幹三種動物最全面的概括。

希望通過以上兩個方法能幫助考生縮短閱讀時間，也縮短在考場上糾結的時間，從而快速找到主題，排除干擾，確定正確選項。

4. 利用對比推導法掌握題目核心

在紀律部隊的考試中，有所謂「寓意理解型題目」。所謂寓意，即為寄托或蘊含的意旨或意思。寓意理解型題目作為紀律部隊的考試中的一種特殊題型，其材料通常為含義深刻的寓言，或具有教育意義的小故事，趣味性強，語言生動。

要做好寓意理解型題目，需要考生善於從看似簡單的故事或者現象中抽取實質，不停留、拘泥於故事（情節）本身，才能更準確地掌握題目的核心意思和命題方向。一般說來，寓意理解型題目的解題方法主要有尾句提示法、對比推導法、主體排除法等，本篇文章為考生講解對比推導法。

【例題】

1. 法國著名寓言作家拉‧封丹有一則寓言：北風和南風比試，看誰能把一個行路人的大衣吹掉。北風呼呼猛刮，行路人緊緊裹住大衣，北風無奈於他。南風徐徐吹動，溫暖和煦，行路人解開衣扣，脫衣而行，南風獲勝。

這個寓言意在告訴人們：
A. 方法得當，柔可克剛。
B. 實踐是檢驗真理的唯一標準
C. 具體問題，具體分析。
D. 工欲善其事，必先利其器。

【答案】A

【解析】文段採用了對比手法。北風與南風採取的策略不同，結果也不相同。北風是「呼呼猛刮」，結果卻是「行路人緊緊裹住大衣」；而南風「徐徐吹動」，結果是得到了「行路人脫衣」的勝利。它們一剛一柔，柔可克剛，即 A 為正確答案。

2. 蝸牛參加了很多次動物運動會，成績如下：跳高，零；跳遠，不到一釐米；短跑，一小時一米；馬拉松，到了下一屆運動會開幕還沒跑完，結果每次都沒有得獎。今年，蝸牛參加了攀岩比賽，它速度不快，但卻登上了頂峰，獲得了冠軍。

與這個故事寓意最相符的是：

A. 天生我材必有用

B. 冰凍三尺，非一日之寒。

C. 世上無難事，只怕有心人。

D. 金無足赤，人無完人。

【答案】A

【解析】文段採用了對比手法。它先說明了蝸牛參加跳高、跳遠、短跑以及馬拉松比賽均遭慘敗，然後指出蝸牛今年參加攀岩比賽卻獲得了冠軍。通過對比這兩種截然相反的結果可知，雖然蝸牛在跳高、跳遠、短跑以及長跑上處於劣勢，但在攀岩這方面卻佔具獨特的優勢。

由此可得出，尺有所短，寸有所長，每個人都有自己的長處，換而言之即「天生我材必有用」，答案為 A。C 項為迷惑項，但它強調的是一種堅持，而文段中沒有體現堅持，故排除。

5. 尾句提示法揭示解題關鍵

　　寓言一般會通過故事的結局來給人警示，使人獲得啟迪，即多在故事的結尾點出寓意。因此大部份寓意理解型題目，題幹材料的尾句多直接或間接揭示寓意。所以只要抓住了尾句，也就找到了解題的關鍵。

一、直接提示型

　　對於直接提示寓意型尾句，只需對其進行句意轉化或濃縮提煉即可總結出寓意。

【例題】

　　1. 只要生存本能猶在，人在任何處境中都能為自己編織希望，哪怕是極可憐的希望。杜斯托耶夫斯基筆下的終身苦役犯，服刑初期被用鐵鏈拴在牆上，可他們照樣有他們的希望：有朝一日能像別的囚犯一樣，被允許離開這堵牆，戴著腳鐐走動。如果沒有任何希望，沒有一個人能夠活下去。

　　從文段中可悟出的哲理是：
A・生存是第一要義
B・理想是生存的精神支柱
C・置於死地而後生
D・生存的目的在於發展

【答案】B

【解析】尾句點明寓意。「如果沒有任何希望，沒有一個人能夠活下去」說明的哲理，只能是「理想是生存的精神支柱」。故 B 項為正確答案。

2. 一位年老的印度大師身邊有一個總是抱怨的弟子。有一天，他派這個弟子去買鹽。弟子回來後，大師吩咐這個不快活的年輕人抓一把鹽放在一杯水中，然後喝了。「味道如何？」大師問。「苦。」弟子齜牙咧嘴地吐了口唾沫。大師又吩咐年輕人把剩下的鹽都放進附近的湖裡，並讓他再嘗嘗湖水。「你嘗到鹹味了嗎？」大師問。「沒有。」年輕人答道。這時，大師對弟子說道：「生命中的痛苦就像是鹽，不多，也不少。我們在生活中遇到的痛苦就這麼多。但是，我們體驗到的痛苦卻取決於它盛放在多大的容器中。」

這段文字主要想告訴我們的是：

A・當你處於痛苦時，請開闊你的胸懷。

B・對別人寬容，也就是對自己寬容。

C・海納百川，有容乃大。

D・快樂在於自己的選擇

【答案】A

【解析】材料尾句點出了寓意。人生的痛苦就像鹽，是一定的，而體驗到的痛苦取決於它所盛放的容器的大小。大師是在以容器的大小比喻人心胸的容量，說明只有心胸足夠豁達，面對痛苦時才能坦然應對。所以當你痛苦時，要開闊自己的心胸。

二、間接提示型

對於間接提示寓意型尾句，則需對其作進一步分析，挖掘其更深層的含義。

【例題】

《史記》中《公儀休嗜魚》說的是，公儀休在魯國當丞相的時候特別喜歡吃魚，有很多人投其所好送魚給他，但他一概不收。有人問：你為什麼喜歡吃魚卻不收魚？他說，我現在做丞相買得起魚，自己可以買來吃。如果因接受了別人送的魚而被免職，我從此就買不起魚，也吃不起魚了。

這段文字意在說明：

A. 貪欲猛如虎，貪欲如洪水。

B. 人的性格各異，嗜好有別。

C · 做一個正直向上的人，首先要寡欲。

D · 貪欲是把一個人推向不歸路的「助推器」

【答案】C

【解析】要理解這段文字的寓意，關鍵是理解尾句。但文段尾句並未直接點明寓意，而是需要考生繼續挖掘其深層含義。由這句可看出，要想經常有魚吃，關鍵是要學會克制自己的欲望，不能因小失大，即要「寡欲」，C項符合題意。A、D兩項說的都是「貪欲」的危害，未從正面強調「寡欲」的重要性，不如C項貼切。

6. 用主體排除法直接秒殺題目

通過「主體排除法」我們有時可直接將題目秒殺，一般情況下可以排除掉一項或兩項，但這時候還沒有將問題徹底解決掉，此時往往還有兩項，而很多考生總是在這兩個選項中徘徊猶豫，大多數時候會被錯誤選項干擾。

此時，需要我們將剩下的兩個選項進行對比，看每個選項的側重點是什麼，將其與文段的主題句進行對照，更為一致者為正確答案。這就是「主體排除法」與「選項差異法」相結合，可以較快、較準確地選出正確答案。

【例題】

1. 德國電腦專家正在開發一種新系統，這種系統能利用視覺、語音和觸摸技術收集一個人情緒狀態的數據，並作出反應。例如，如果電腦感覺到用戶情緒激動，它可能會自動讓屏幕色彩變得柔和，關閉背景音樂，放人或縮小圖形數據，甚至直接表示歉意；這種系統可在用戶與電腦互動時感知他們的情感。

對於這段話概括最準確的一句是：

A. 新型電腦會收集人情緒狀態的數據

B. 新型電腦可與用戶自由互動

C. 新型電腦會感覺到用戶情緒激動

D. 能夠感知用戶情緒的新型電腦系統在研發中

【答案】D

【解析】通過提問方式不難看出是典型的主旨概括題，主題句在文段的第一句，德國電腦專家正在開發一種新系統，系統是這個文段的論述主體，接下來觀察選項，A、B、C都是在講新型電腦，和文段的論述主體不符，所以答案選 D，能夠感知用戶情緒的新型電腦系統在研發中。這道題通過主體排除法直接秒殺。

2. 海水溫度升高導致珊瑚白化，正威脅著澳洲的大堡礁；冰川不斷退化，加重了水資源短缺的危險；從海龜到老虎，從荒漠到亞馬遜河，這些自然奇觀都由於溫度的升高而面臨險境，雖然應對氣候變暖的適應戰略可以拯救部份自然奇觀，但只有政府採取更嚴格的措施，減少溫室氣體的排放，才能使其免遭毀滅的厄運。

對這段文字主旨概括最準確的是：
A. 減少溫室氣體的排放，才能使其免遭毀滅的厄運。
B. 全球變暖威脅著世界各國的自然奇觀
C. 政府對溫室氣體的排放必須採取嚴格措施
D. 亟待制定氣候變暖適應戰略，以保護世界自然奇觀。

【答案】C

【解析】文段開始為舉例子，在主旨概括題中此處可以略讀，直接找到文段的重點「但」所引導的措施，即為文段的主題句。主題句的主語或措施的實施者為「政府」，所以正確答案為 C。干擾選項為 A，如果沒有 C 項是可以選 A 的，因為 A 選項也為措施，但與 C 相比，並沒有體現出措施的具體實施者，所以選 C。

「主體排除法」和「選項差異法」兩者相結合，可以有效提高做題的速度，同時也可以兼顧到準確率，尤其是某些考生在兩個選項之間猶豫不決、舉棋不定的時候，「選項差異法」可以有效解決這個問題。

7. 正向援引法和反向援引法

　　觀點援引法是指在文段通過援引別人的觀點，來引出作者自己的觀點。這裡包括兩種情況：一種是「正向援引法」，即所援引的觀點從正面對作者自己的觀點進行支持或加強。標誌詞為「正如」等，通常以「因此」、「所以」、「可見」、「總之」等引出作者觀點。

　　另外一種是「反向援引法」，即所援引的觀點與作者的觀點背道而馳。標誌詞為「有人認為」、「通常認為」、「傳統認為」、「有一種觀點認為」等，通常以「但是」、「其實」、「實際上」、「事實上」等引出作者自己不同的觀點。下面以幾道題為例進行說明。

【例題】

　　1. 在古典傳統裡，和諧的反面是千篇一律：「君子和而不同，小人同而不和」，所以和諧的一個條件是對於多樣性的認同。中國人甚至在孔子之前就有了對於和諧的經典認識與體現。中國古代的音樂藝術很發達，特別是一些中國樂器，像鐘、磬、瑟等各種完全不同的樂器按照一定的韻律奏出動聽的音樂，但如果只有一種樂器就會非常單調。

　　對這段文字概括最準確的是：
A. 和諧源於中國古典音樂
B. 差異是和諧的必要條件
C. 中國人很早產生了和諧觀念
D. 音樂是對和諧的經典認識和體現

【答案】B

　　【解析】文段先是援引了孔子的觀點「君子和而不同，小人同而不和」，接著用一個表結論的關聯詞「所以」來引出作者的觀點「和諧的一個條件是對於多樣性的認同」，可見作者的觀點與孔子的觀點是一致的，前面是一個正向援引。最後用一個中國古代樂器的例子來證明這一觀點。B

選項正是作者觀點的同義替換，這裡差異與多樣性是近義詞，故選 B。

2. 有一種很流行的觀點，即認為中國古典美學注重美與善的統一。言下之意則是中國古典美學並不那麼重視美與真的統一。我認為，中國古典美學比西方美學更看重美與真的統一。它給美既賦予善的品格，又賦予真的品格，而且真的品格大大高於善的品格。概而言之，中國古典美學在對美的認識上，是以善為靈魂而以真為最高境界的。

通過這段文字我們可以知道，作者的觀點是：
A. 正確而不流行
B. 流行而不正確
C. 新穎而不流行
D. 流行而不新穎

【答案】C

【解析】文段開頭部份用一個標誌詞「有一種很流行的觀點」引導出一種觀點即「中國古典美學不那麼重視美與真的統一」，這裡是一種反向援引，接著作者用「筆者認為」點明作者自己的觀點，即「中國古典美學比西方美學更看重美與真的統一」，由於作者自己的觀點與所援引的流行的觀點是反向援引關係，因此作者的觀點就不可能是流行的，首先排除 B、D 兩項。

而作者的觀點「中國古典美學……是以善為靈魂而以真為最高境界的。」相對於「流行」的觀點而言，別具一格，比較新穎，但並沒有證據說明作者的觀點就是正確的，因此 A 選項也要排除。所以作者的觀點就是新穎而不流行的。故選 C。

3. 法國語言學家梅耶說：「有什麼樣的文化，就有什麼樣的語言。」所以，語言的工具性本身就有文化性。如果只重視聽、說、讀、寫的訓練或語言、詞彙和語法規則的傳授，以為這樣就能理解英語和用英語進行交際，往往會因為不了解語言的文化背景，而頻頻出現語詞歧義、語用失誤等令人尷尬的現象。

這段文字主要說明：

A. 語言兼具工具性和文化性

B. 語言教學中文化教學的特點

C. 語言教學中文化教學應受到重視

D. 交際中出現各種語用錯誤的原因

【答案】C

【解析】首句援引語言學家的觀點，根據「所以」這一結論性的引導詞可以判斷該援引為正向援引，作者的觀點與援引的觀點恰好一致，其目的就是為了支持和加強自己的觀點，即強調語言文化性的重要作用。後面用「如果……」引導的假設條件句從反面進行論述如果不注重文化性將會造成的後果，再次強調重視語言文化性的重要作用，構成「引用 - 提出觀點 - 反面論證」的分 - 總 - 分結構。因此作者的觀點已經十分明朗，即強調「文化教學的重要性」。四個選項之中強調語言中文化的重要性的只有 C 項，故 C 正確。

A 項「兼具」表示並列關係，強調了工具性和文化性，與文中「語言的工具性本身就有文化性」不符，且沒有突顯出文化性的重要；B 項文化教學的特點文段並沒有體現出來；D 項論述的是圍繞假設的部份來論述的表面現像，並非主要說明的觀點。

通過以上幾道例題，使我們對觀點援引法有了初步了解。援引的目的是為了引出作者自己的觀點。這裡我們要區分好是正向援引還是反向援引，除了借助一些標誌詞進行區分外，還可以看所援引的觀點的出處。實際上，如果所援引的話是歷史上的偉人、名人或著名的科學家、專家學者的觀點，通常都是一種正向援引，作者的觀點通常與其一致；如果僅是一些社會上的一些看法、觀點或某些人的觀點，就可能是一種反向援引。

8. 利用標點快速解題

郭沫若説過:「言文而無標點,在現今是等於人而無眉目。」可見,標點符號對於書面語言來説是很重要的。在投考紀律部隊的考試中,作為言語形式而存在的標點符號和作者以文字形式呈現的言語一樣,都體現著作者的思想。因此,在閱讀言語題目時,除了留意以文字形式呈現的作者言語外,也要留意與之緊密相聯的作為言語形式而存在的標點符號。

以下就為考生介紹幾個對於解答言語題目有重要作用的標點符號。

一、冒號

冒號的作用是提起下文或總結上文,在行測言語模塊的考試中,常用在「説、想、是、證明、宣佈、指出、透露、例如、如下」等詞語後邊,表示提起下文,一般跟分號「;」一起使用。

【例題】

1. 傳統的動物資源保護措施主要是劃分保護區或建立保種基地。這些措施能很好地保護物種的多樣性,但也存在一些缺點:保護區面積大,偷獵現象屢禁不止;建立良種基地保護地方品種投資大、時間長,容易出現近親繁殖、物種衰退等現象。試管、克隆、冷凍保存等生物技術新成果的問世,為動物遺傳資源的保護和利用開辟了新途徑,建造「動物諾亞方舟」不再是天方夜譚。

這段文字主要介紹了:

A. 生物技術的進步為動物資源保護開辟了新天地

B. 動物資源保護促進了生物技術新成果的誕生

C. 保護動物物種多樣性所取得的突破性進展

D. 傳統資源保護措施所遇到的困難和取得的進步

【答案】 A

【解析】 首先，按照正確的做題順序為「2-1-3」，即先看提問方式，辨別題型，接著讀原文，最後看選項。看到在文段第三句出現了冒號「：」提起下文，並在文中出現了分號「；」，所以文段的行文結果即為總分（先總述後分述）或分總（先分述後總述），重點看段首或段尾，發現前文講缺點目的在於引入後面生物技術新成果，突出其重要性，主旨句在於最後一句，由此可得出答案 A。

2. 文明和文化是不同的。文明使所有的地方所有的民族越來越相似，按照德國人艾利亞斯《文明的進程》的説法，文明是一個群體社會中大家按照同一規則生活，就好像按照一個節拍跳舞，不至於踩到腳一樣；而文化使一個民族與別的民族不同，它是與生俱來的，不是規則而是習慣。其實城市化也可以這樣看：城市迅速發展，摩天大樓變成城市象徵，這其實是現代文明在世界各個角落強勢發展的結果。但是，我們又希望文明不要壓倒文化，「同一」不要消滅「差異」。

這段文字意在：

A. 質疑現代文明忽略民族個性的趨勢
B. 探究城市化進程與文明發展的關係
C. 強調城市化進程中保存文化的必要性
D. 比較文明與文化對人類發展的不同影響

【答案】 C

【解析】 掃讀這道題目，發現文段中出現了分號、冒號和書名號，這就得出文段的行文結構大概為分總，所以重點應該放在段尾。恰好，段尾出現了表示「強轉」的關聯詞「但是」一詞，所以經驗告訴我們，轉折之後即為文段的重點。對應的選項 C 即為答案。

二、頓號

頓號是中文中特有的標點，表示並列的詞或詞組之間的停頓。在紀律部隊的考試中，頓號和冒號一樣也是一種非常有效解題方法，尤其是利用頓號表示並列的這一特性，在解答邏輯填空是顯得更為有效。

【例題】

1. 看過許多名人訪談，他們無不談到過去某段時期的迷茫與困惑、低潮與失敗。彼時，如果他們向命運低頭，他們就是失敗者。只有冷靜下來，擺正心態，才有 _____ 、贏取輝煌的可能。可見，平日的積累與鍛煉固然重要，但關鍵時刻的 _____ 與爆發力卻能成就一個真正的王者。

填入橫線部份最恰當的一項是：
A. 背水一戰　表現
B. 反戈一擊　突破
C. 逆水行舟　速度
D. 反敗為勝　勇氣

【答案】D

【解析】這是一道典型的實詞和成語的辨析題。閱讀量稍大，但是只要我們仔細觀察語境，就會發現，該題的突破口是第一空。不難發現第一空後面有頓號，且頓號之後的詞語是「贏取輝煌」，說明第一空應該填一個詞，要求是填入的詞應該和「贏取輝煌」構成並列關係。由此，對應選項當中的四個成語，只有 D 項的「反敗為勝」對應「贏取輝煌」。所以答案鎖定 D 項。

2. 荀子認為，人的知識、智慧、品德等，都是由後天學習、積累而來的。他專門寫了《勸學》篇，論述學習的重要性，肯定人是教育和環境的產物，倡導 _____ 、日積月累、不斷求知的學習精神。

填入劃橫線部份最恰當的一項是：

Ａ‧孜孜不倦　　　Ｂ‧堅忍不拔　　Ｃ‧按部就班　　Ｄ‧一絲不苟

【答案】A

【解析】這道題目出現了很多頓號，我們尤其要留意橫線前後的冒號，橫先後是「日積月累」和「不斷求知」，由此得知橫線處要填的詞必須能夠和「日積月累」、「不斷求知」構成並列關係，也就是這個詞要能體現隨著時間的推移、不斷學習、一點一滴積累的意思，對應到四個選項中，只有 A 選項「孜孜不倦」符號要求。

綜上所述，在做選詞填空題的時候，要留意頓號的指示作用，考慮上下文詞語的並列關係，根據已知詞語和並列關係，推測未知詞語，這種解題思路是值得考生重視和借鑒的。

三、問號

問號是語氣語調的輔助符號工具，在公務員考試中，比較有效的是反問和設問。反問是用疑問的形式表達確定的意思，只問不答，答案卻暗含在反問句中。

1. 中國古人將陰歷月的大月定為 30 天，小月定為 29 天，一年有 9 個月，即 354 天，比陽歷年少了 8 天多。怎麼辦呢？在 19 個陰歷年裡加 7 個閏月，就和 19 個陽歷年的長度幾乎相等。這個周期的發明巧妙地解決了陰陽歷調和的難題，比希臘人梅冬的發明早了 160 年。

這段文字主要闡明的是：

A. 古代陰歷中閏月設置的規律與作用

B. 中國古代歷法在當時有先進水平

C. 陰陽歷調和問題在古代是個世界性問題

D. 中國古代如何解決陰陽歷差異問題

【答案】D

【解析】文段共三句話，且每句話均有數字，所以各句並非典型意義上的舉例子。除此之外，發現當中有一個一般疑問「怎麼辦呢？」之後細說了具體的解決辦法。在提出問題、分析問題、解決問題的行文結構中，解決問題的句子是文段的重點，所以答案就在問號後面，即中國古代如何解決中國自己的陰陽歷差異問題的。所以答案應該是選D，而並非將中國古代與古代希臘進行比較。

除了上述提到了冒號、頓號、問號以外，還有破折號、書名號等標點也可以幫助我們快速鎖定文段關鍵信息，考生朋友在備考的過程中要不斷地總結和積累，並結合具體真題融會貫通，如此以往，可以幫助我們大大增強語感，提高閱讀速度。

9. 副詞提示法

　　一個片段一篇文章都是由實詞和虛詞共同組合而成的，虛詞充當了連接詞與詞、句與句的作用，所以抓住虛詞對理解一個片段很有幫助。

　　從句子成分來說，副詞可能並不重要，缺少了副詞並不影響句子基本意思的表達。但換個角度來看，副詞卻是至關重要的，尤其副詞往往直接提示了文段的論述重點，體現了作者的語氣程度、情感傾向。抓住了文段中的關鍵性副詞，就找到了解答此類題目的一條捷徑。

　　具體來說，副詞主要可分為「程度副詞」和「語氣副詞」兩大類：

一、程度副詞

　　程度副詞是指表示程度、等級等意義的副詞。如：很、最、太、更、非常、特別、十分、格外、更、更加、稍微、略微、還、還要、多麼、何等、過於、尤其等。

　　常見的程度副詞有最、特別、尤其。

1. 最

　　「最」常常用來修飾形容詞，「最」字後面的內容一般是文段強調的重點。

【例題】

　　一間坐滿了觀眾的歌劇院突然發生大火，急於逃生的觀眾都渴望從緊急出口中盡快逃出去，但當所有人擠成一團時，必然會因為相互擁擠和彼此踐踏而影響逃生速度。在這種緊急情境下，最佳的解決方案是大家同時採取合作策略，按照一定規則有序通過緊急出口。

這段文字所強調的主要是：

　　A. 當事人既會損害自身利益也會損害他人利益

　　B. 利己策略往往無法實現自身收益最大化的目標

　　C. 維護自身利益是需要與他人合作和付出一定代價的

　　D. 合作策略比利己策略更有利於實現當事各方效用的最大化

【答案】D

【解析】「最」字後面是「佳」字，用來修飾「解決方案」，結合上下文以及文段中出現的程度副詞「最」，可以判斷文段強調的重點應該是第二句話中「最」字後面提出的對策，即「合作策略」，故答案為 D。

2. 尤其（或「特別」）

「尤其」或「特別」後面的內容，一般是文段強調的重點。

【例題】

　　近兩年來，隨著國際市場能源資源性產品價格的持續大幅上漲，製造業的生產成本不斷抬高，使得國際市場競爭激烈的各類製成品價格也開始逐步上升，價格上漲開始從上游向下游傳遞。與此同時，國際商品價格上漲也開始向各國傳遞，特別是能源和農產品價格大幅上漲，對各國消費價格指數產生明顯的上升推動作用。

　　這段文字強調的是：

　　A. 國際商品市場價格上漲開始向各國國內傳遞

　　B. 價格上漲開始從製造業上游向下游傳遞

　　C. 製造業的生產成本對各國消費價格指數的影響

　　D. 國際市場能源資源性產品價格對國內消費價格的影響

【答案】D

【解析】抓住文段中的關鍵程度副詞「特別」。根據「特別」可以初步判斷文段強調的重點應該是其後面的內容，即「能源和農產品價格大幅

上漲對各國消費價格指數產生明顯的上升推動作用」。四個選項中與此表述一致的是 D 項。

3. 當然

「當然」的基本義是表示對某一事實或觀點的肯定。依據其在文段中位置及作用的不同，可以分為「強調性肯定」和「補充性肯定」兩種。

「強調性肯定」中，「當然」在文段中的位置一般靠前，強調的是其後面的內容。

「補充性肯定」中，「當然」在文段中的位置一般靠後，強調的是其前面的內容，後面的內容則起補充說明的作用。

【例題】

有人說，經濟領域與道德領域的規則不一樣，經濟領域強調的是「經濟人」角色，以取得更大、更多利潤為做事原則；而道德領域則要求奉獻、利他、互助等。其實，經濟領域固然有供求信號、等價交換、產權明晰、利潤最大化等規則，但既然它是人們的社會活動，道德原則也會每時每刻滲透其中，兩者難以清晰地割裂開來。

這段文字意在強調：

A. 社會性是經濟領域和道德領域的共同屬性
B. 在社會活動中需要兼顧經濟原則與道德原則
C. 市場經濟中倫理道德的作用是必然存在的
D. 社會活動中各領域的價值觀念在互相滲透

【答案】C

【解析】抓住關鍵性語氣副詞「其實」和「固然」，以及前面的插入語「有人說」。「有人說」後面的內容是一種模糊性表述，「其實」則是對前面內容的一種更正，帶有轉折性語氣，文段強調的是其後的內容，故

文段的重點應該是第二句。再看第二句,「固然」是指雖然承認某種事實,但強調的是其他內容。本題強調的則是「但」後面的內容,即道德原則在市場經濟中的滲透。故本題答案為 C。

二、注意「偏激」詞彙

除了最和尤其需要注意外,還有一種「僅僅」、「唯一」之類的也應該留神。

【例題】

1. 面試在求職過程中非常重要。經過面試,如果應聘者的個性不適合待聘工作的要求,則不可能被錄用。

以上論斷是建立在哪項假設的基礎上的:
A. 必須經過面試才能取得工作,這是工商界的規矩。
B. 面試主持者能夠準確地分辨出,哪些個性是工作所需要的。
C. 面試的惟一目的就是測試應聘者的個性
D. 若一個人的個性適合工作的要求,他就一定被錄用。

【答案】B

【解析】可能原理。A 中有「必須」,C 中有「惟一」,D 中有「一定」,這樣的語言都過於絕對。而且題目主要講的就是哪些個性是公司面試中需要的核心問題。因此,正確答案選擇 B。

2. 一本僅用十幾萬字寫出中國上下五千年文明史的普及讀物《中國讀本》,繼在中國創下累計發行 1,000 餘萬冊的成績後,又開始走出中國走向世界。

根據這段文字，可以推出的是：

A. 歷史圖書應該走普及化、大眾化道路

B. 越來越多的外國人對中國歷史感興趣

C.《中國讀本》可能授權國外出版商出版

D. 越是大眾的、越是民族的，越容易走向世界

【答案】C

【解析】可能原理。C 選項有明顯的是可能原理。A、B、D 都過於絕對，而且根據一致原理，題幹談論的是《中國讀本》，A、B、D 主題也不相關。因此，正確答案選擇 C。

3. 近代法國著名物理學家法拉第，發現了電磁感應規律。但是由於他不能科學最嚴密的語言表達出來，因此，一直沒有得到科學界的承認，直到麥克斯韋完整地表述了這一規律，才得到人們的正式承認。

可見：

A. 麥克斯韋比法拉第更聰明

B. 科學語言是最嚴密最科學的

C. 語言表達能力是很重要的

D. 只要語言表達能力強，就能得到人們的承認。

【答案】C

【解析】可能原理。通過題幹得知的是麥克斯韋的語言能力比法拉第強，但是得不出 A 項麥克斯韋比法拉第更聰明這個結論；B 中「最」，太過絕對，D 中也是比較絕對化。認為語言能力強就能夠被接受，這個顯然比較偏頗。因此，正確答案選擇 C。

10. 轉折關係關聯詞

在言語理解與表達片段閱讀中，我們經常會碰到表示轉折關係的關聯詞，比如：雖然……但是……、可是、然而、只是、不過、倒、其實、實際上、事實上等等。

一般來說，我們把閱讀的重點鎖定在轉折關係關聯詞後面的內容，比如：

【例題】

氣候變暖將會使中緯度地區因蒸發強烈而變得乾旱，現在農業發達的地區將退化成草原，高緯度地區則會增加降水，溫帶作物將可以在此安家。但就全球來看，氣候變暖對世界經濟的負面影響是主要的，得到好處的僅是局部地區。

這段文字旨在說明氣候變暖：

A. 會使全球降水總量減少

B. 對局部地區來說利大於弊

C. 將給世界經濟帶來消極影響

D. 將導致世界各國農業結構發生變化

【答案】C

【解析】這個片段閱讀的文段重點在我們發現「但」這個轉折關係關聯詞後就很容易確定了，「但」之前敘述的是氣候變暖對各地區的影響，是文段的非重點內容，「但」之後敘述的是氣候變暖對世界經濟的負面影響，是文段的重點內容，所以很快對應 C 選項。

但是，如果試題難度增加，往往不會只有一層轉折關係，我們會發現不止一個表示轉折關係的關聯詞。遇到這種情況，如何應對呢？我們來通過一道具體的題目解析一下：

【例題】

1. 有一種看法，認為結構遊戲只不過像兒童拼拼湊湊、搬搬運運而已，毋須教師過多的參與。其實，結構遊戲如能進行得好，它不但能培養幼兒的搭配能力、空間想像能力、思維能力，而且能促進幼兒手、腦、眼協調一致的能力和培養幼兒對造型藝術的審美能力。但要使結構游戲發揮出如此的作用，教師不僅要參與，更要不失時機地示範、指導、點撥，否則，便不可能有這樣的效果。

這段文字的主旨是：

A. 幼兒的健康發展離不開結構遊戲

B. 幼兒教師與幼兒能力的形成有很大關係

C. 合格的幼兒教師應掌握結構遊戲的教法

D. 幼兒對造型藝術的審美能力有賴於結構遊戲

【答案】C

【解析】這道題目與上一道題目相比，難度明顯增加：一是閱讀量增大，二是關聯詞比較多，既有表示轉折關係的關聯詞，又有表示遞進關係的關聯詞，而且轉折關係不僅一層，遞進關係也不止一層。

但是我們通過分析文段的脈絡，不難發現，其實文段大的框架就是通過兩層轉折關係來對開篇第一句話的觀點進行批駁性論證，第一層由轉折關係關聯詞「其實」引導，第二層由轉折關係關聯詞「但」引導，文段的重點最終落在第二層轉折上，即「示範、指導、點撥」（C選項）上。由此我們可以概括出：當文段中出現不止一個表示轉折關係的關聯詞的時候，我們要看語義關係最終的轉折點在哪兒，也就是作者行文強調的重點。

2. 關於颱風預報的準確率，盡管 A 國這幾年在探測設備方面投入較大，數值預報也開始起步，但其他國家在這兩方面仍處於領先地位。不過，由於他們的預報員流失率高，而 A 國擁有一支認真負責、具有多年實踐經驗的預報員隊伍，彌補了探測設備和數值預報方面的不足。

通過這段話，我們可以知道：
A. 別國的預報員不如 A 國的預報員工作認真
B. 探測設備和數值預報決定了颱風預報的準確率
C. 颱風預報的準確率也受預報員本身情況的影響
D. A 國的颱風預報準確率與發達國家相比還有很大差距

【答案】C

【解析】這是一道細節判斷題，快速閱讀這道題目，我們很快會發現，第一層轉折關係在關聯詞「但」之後，強調的是在探測設備和數值預報方面，其他國家處於領先地位，第二層轉折關係以關聯詞「不過」為標誌，強調的是 A 國的預報員隊伍彌補了探測設備和數值預報方面的不足。由此可見，作者最終強調的應該是第二層轉折關係。在讀懂文段內容的基礎上，我們很容易確定答案是 C 選項。

11. 真假推理解題技巧

對於真假推理類題目，我們的解題思路是首先找矛盾，但是有些題目沒有矛盾，為了做到快速有效的解題，考生還應該再掌握兩對都用的命題。

一、所有……都是…… —— 所有……都不是……

這對命題的特點是至少有一假，這裡特別要注意，此命題的特點可是至少有一假，不要認為就是一個假的，具體是一個還是兩個假的要根據題目進行推理。

【例題】

今年政府對全部巴士進行安全檢查後，甲、乙、丙三名調查人員有如下結論：

甲：所有巴士都存在超載問題。

乙：所有巴士都不存在超載問題。

丙：A 公司的巴士和 B 公司的巴士都存在超載問題。

如果上述三個結論只有一個錯誤，則以下哪項一定為真？

A. A 公司的巴士和 B 公司的巴士都不存在超載問題

B. A 公司的巴士和 B 公司的巴士都存在超載問題

C. A 公司的巴士存在超載問題，但 B 公司的巴士不存在超載問題。

D. B 公司的巴士存在超載問題，但如果公司的巴士都不存在超載問題。

【答案】B

【解析】此題容易看出甲和乙兩個結論恰好是「所有……都是…… —— 所有……都不是……」的形式，由此可知，這對命題的特點是至少有一假。題幹中告訴我們三個結論中只有一個是假的，所以這個假的肯定存

在於甲和乙之間，由此可以推出丙的結論就是真的，觀察選項都是關於 A 公司和 B 公司的巴士是否存在超載問題，因此由丙的結論直接可以得到答案 B。

二、有些……是……　——　有些……不是……

這對命題的特點是至少有一真。

在一次對全市中學假期加課情況的檢查後，甲乙丙三人有如下結論：
甲：有學校存在加課問題。
乙：有學校不存在加課問題。
丙：一中和二中沒有暑期加課情況。

如果上述三個結論中只有一個正確，則以下哪項一定為真？
A. 一中和二中都存在暑期加課情況
B. 一中和二中都不存在暑期加課情況
C. 一中存在加課情況，但二中不存在。
D. 一中不存在加課情況，但二中存在。

【答案】A

【解析】兩個命題是「有些……是……　——　有些……不是……」的形式，由此可知，這兩個命題的特點是至少有一真。題幹中告訴我們只有一個真命題，所以這個真的肯定存在於甲和乙之間，那麼丙肯定是假的，「一中和二中沒有暑期加課情況」是假的，真的就是一中或二中有暑期加課情況，一中或二中有暑期加課情況是真的就可以推出「有學校存在加課問題」是真的，既然這個真我們已經找到就是甲，那麼乙肯定就是假的，「有學校不存在加課問題」是假的，真的就是「所有學校都存在加課問題」，因此選 A。

12. 揣摩作者的思想感情

我們在做閱讀理解題的時候，除了要知道文段的重點、中心，有時候還需要作出判斷，揣摩作者的思想感情，即作者在材料中體現的態度、傾向、立場、目的，也就是作者對材料所談論的核心話題的看法。

正確選項應該是與文段所要表達出的感情傾向相一致，這樣可以幫助我們快速找到正確答案或者排除干擾選項，在實際操作中是非常實用的一種方法。

如何去判斷作者的感情傾向呢？接下來為大家介紹一些表達感情傾向常用的詞語。

表示評價並帶有否定傾向的詞語：片面、偏頗、誤讀、遺憾的是。

表示推測並帶有否定傾向的詞語：也許、好像是、似乎、表面上看、看起來。

表示強調正面觀點的反面論證：否則、不然、如果不。

【例題】

1. 當前，信息技術、視聽手段的空前發展，改變著人們的生活方式。可以說，這是發明蒸汽機和電力以來，最偉大的科學進步。不少人認為，電視，電腦提供的畫面與音響，已足夠提供人類所需要的信息與知識，超過了文字的功能。於是他們片面地認為，人類進入了所謂的「讀圖時代」。

這段文字意在說明：
A. 傳統文字的價值依然存在，並不會被圖像信息完全替代。
B. 對於信息與知識的主要來源，很多人存在錯誤的看法。
C. 影像所提供的信息含量，並不比文字負載的信息少。
D. 信息技術的影響力，在當前社會是非常重大的。

【答案】A

【解析】文段尾句的「於是」引導出了主題句，意思是人類進入了讀圖時代的這種觀點是片面的，作者是持否定態度的，也就是説作者認為人類並沒有進入到真正的讀圖時代，傳統文字是依然有價值的，故答案為 A。

2. 人文教育從表面上看，好像只是傳授文史哲方面的知識，尤其是在現在的學科體制下，一切教育似乎都可以量化為客觀知識和能力，如英語等級考試。實際上人文教育是通過對文史哲的學習，通過對人類千百年積累下來的成果的吸納和認同，使學生有獨立的人格意識，有豐富的想像力和創造力，有健全的判斷能力和價值取向，有高尚的趣味和情操，有良好的修養和同情心，對個人、家庭、國家、天下有一種責任感，對人類的命運有一種擔待。

這段話表達的主要觀點是：
A. 英語等級考試是為大眾所熟知的一種人文教育
B. 人文教育的主要內容，是傳授文史哲方面的知識。
C. 在目前的學科體制下，人文教育可以量化為客觀知識和能力。
D. 人文教育的目的包括人性境界提升、人格塑造，以及個人與社會價值實現。

【答案】D

【解析】文段當中「好像」「似乎」這樣的詞語體現出了一種否定的感情傾向，表明作者認為人文教育實際上並不是這樣的，文段重點落在了「實際上」這個轉折之後，表明作者認為人文教育包括了很多方面的內容，故答案為 D。

感情傾向是考生在做閱讀理解時需要把握的一個方法，當提問方式設置為「作者的意圖是／觀點是／態度是」的時候，要注意判斷、揣摩作者的感情傾向。在平時的做題中要多加練習，這樣在考試中會達到事半功倍的效果。

13. 注意高頻詞語

　　片段閱讀是紀律部隊的考試中，其中一類較容易提分的題型，主要測查考生對文段的理解能力，因此片段閱讀應當作為考生在備考時重點關注的題型。

　　為幫助考生快速解決片段閱讀試題，主要歸納了以下兩個特殊關注點，幫助考生學習如何從詞語中尋找突破口，在言語理解與表達中取得優異的成績。

一、注意高頻詞語

　　依常理可知，反覆可以表示強調，故短文中反覆提到的詞語一般都是文段的中心詞，是文段主要強調的對象。而確定對象是快速找出答案的第一步。

【例題】

　　每個企業都有自己的核心價值觀，它是企業一切理念、制度和技術的價值基礎。企業在重視財務、營銷、技術的同時，更應重視員工，員工是企業的主人，是企業的根本，只有建立起以「重視員工」為核心價值觀的企業文化，企業才能凝聚員工、創造個性，為自身的發展提供目標、方向和動力。

　　這段文字意在說明：
A. 企業文化是企業發展的在動力
B. 建立企業核心價值觀的途徑
C. 企業文化應以重視員工為中心
D. 企業如何形成和加強自身的凝聚力

【答案】C

【解析】文段中反覆提到「企業」和「員工」兩個詞，可見文章的主題是圍繞這兩個詞展開的，涵蓋這兩個高頻詞彙的選項只有 C，可確定答案為 C。

二、注意關聯詞

在做片段閱讀時，考生一定要重點關注一些特殊關聯詞，例如表示轉折結構的「但是」、「然而」，表示因果結構的「因此」，表示遞進結構的「甚至」等，這些關聯詞能夠幫助我們確定文段的重點，從關聯詞上突破是提高做題速度的一大捷徑。

【例題】

現有知識產權制度對生物技術等高新技術成果的專利、商業秘密的保護，促進了發明創造；現有知識產權制度對計算機軟件、文學作品（包括文字及視聽作品等）的版權保護，促進了工業與文化領域的智力創作。但在保護今天的各種智力創作與創造之「流」時，人們在相當長的時間裡卻忽視了對它們「源」的知識產權的保護。而傳統知識，尤其是民間文學的表達成果，正是這個「源」的重要組成部份。

這段文字主要強調的是：

A. 我們必須重視知識產權制度和保護知識產權

B. 現有知識產權制度存在缺陷

C. 保護傳統知識和民間文學非常重要

D. 現有知識產權制度能促進發明創造和智力創作

【答案】C

【解析】閱讀短文，由關聯詞「但」可知短文的重點在「但」字後面的部份，再由另一個關聯詞「而」可知短文的主題詞、重中之重為「而」後面的內容，即「傳統知識」、「民間文學」。四個選項中只有C提到了「傳統知識和民間文學」，故而我們可以很快地選出C這個正確答案。

14. 注意迷惑性選項

定義判斷是公務員考試判斷推理部份的基本考查形式之一，穩定地出現在各類公職考試中。由於該題型出現較早，現在這類題目已近達到了一個成熟穩定的階段，定義設置得當，各種干擾選項被設計得十分具有迷惑性，而正確選項又故意隱藏自己的「真實面目」，讓很多考生面對選項無從著手，不知怎樣去分析其是否符合定義。

一般傳統的定義判斷為傳統對應型定義判斷，但現在又出現了升級篩選型、判斷正誤型定義判斷。以下作出分析：

一、傳統對應型

傳統對應型定義判斷題目是考試中出現比較多的題型，它指題幹給出一個定義，要求對四個選項進行分析理解，從而選出最符合或者不符合定義的一項。我們可以把要點分析的方法充分運用到解題中，這將大大提高解題速度和正確率。

【例題】

職業病是指進行生產的勞動者在本職的工作環境中由於所存在的一些有害因素而導致的疾病，當中包括接觸粉塵、放射性物質和其他有毒、有害物質等。

根據上述定義，下列屬於職業病的是：

A. 李老師搬進了剛裝修的新辦公室，由於有害氣體嚴重超標，導致他患上了血液病。

B. 刑警王先生在近 30 年的職業生涯中接觸過各種犯罪份子，在日常生活中，他也經常用職業的眼神打量親朋好友。

C. 趙先生是一家公司的高級管理人員，工作經常加班，飲食很不規律，終於被醫院查出患上了腸胃炎。

D. 張先生在一家皮鞋廠工作，因長期接觸含苯物質而患上了皮膚病。

【答案】D

二、升級篩選型

所謂「升級篩選型」，指的是近幾年出現的單定義題型。在這種定義判斷題目中，題幹中會給出兩個或兩個以上相互間有關聯的定義，通過比較可以更好地理解題幹定義要點。

這種題目由於給出的定義不止一個，會給考生的審題造成一定的困難。但在提問中往往只考察其中一個定義，因此需要對題幹所給多個定義進行篩選，避免因為混淆提問定義和迷惑定義，而導致失分或者浪費解題時間。

【例題】

「順從」是指互動中的一方自願或主動地調整自己行為，按另一方的要求行事，即一方服從另一方。順應的含義比順從更廣泛，除了有順從的含義之外，它還指互動的雙方或各方都調整自己的行為，以實現互相適應。

根據上述定義，下列行為屬於順應的是：

A. 王先生經常將垃圾堆放在家門口，影響了居民樓內的環境衛生，鄰居們向他提出意見後，王家門口變得乾淨起來。

B. 李小姐經常出色地完成各項工作，經理根據李小姐的表現在員工大會上表揚了她，並給予獎勵。

C. 某食品廠因存在不正當競爭行為，被有關部門處以 20 萬元罰款，該廠以罰款過重為由提起上訴，有關當局經酌情後減罰至 10 萬元。

D. 國輝公司與榮發公司有意進行合作，經過多輪激烈地嗟商，雙方都降低了自己的條件，從而實現了合作目標。

【答案】D

三、判斷正誤型

在定義判斷中，還有一類題目，題幹首先給出一個或兩個定義，然後給出四個選項，要求選擇說法正確或錯誤的一項，很多時候選項並不是典型例證，而是側重考查的是對定義要點的理解。

解答這類題目，同樣要分析定義的要點，然後將選項內容與定義要點進行對比，看是否符合即可確定答案。

【例題】

留置權：指債務人不履行到期債務，債權人可以留置已經合法佔有的債務人的動產，並有權就該動產優先受償。

根據上述定義，下列關於行為人是否享有留置權的說法中正確的是：

A. 甲委託乙保管某件物品，乙在保管期間，發現物品有質量問題，遂將該物品交給丙修理。修好後，甲拒付維修費用，丙無權留置該物品。

B. 甲向乙借了 1 萬元錢，償還期已到，甲未償還，乙對甲工廠裡的機器設備享有留置權。

C. 甲公司於乙簽訂了一份運輸合同，約定貨到付款。乙將貨物運達目的地後，甲公司未付運費，乙可以留置運輸貨物。

D. 李先生有償委託孫先生代購一批產品，孫先生買到產品後，李先生不支付約定的報酬，孫先生無權留置該批產品。

【答案】C

【解析】留置權的定義要點：①債務人不履行到期債務；②債權人已經合法佔有債務人的動產；③債權人有有權優先受償。A 項符合定義，丙享有留置權；B 項不符合②，乙沒有合法佔有甲工廠的機器設備，故無留置權；D 項符合定義，孫先生有留置權；C 項符合定義，乙享有留置權，故答案選 C。

15. 邏輯判斷之真假話

　　在公務員考試邏輯判斷中，我們經常會遇見一種涉及到真假話的問題，這類題目的特點是在題中給你設定了很多的條件，但真假未知，最後讓你推出正確的結論。如果我們直接去假設條件的真假去推理，顯然必將浪費很多時間。

　　那麼如何快速解決真假話的問題？以下將為大家介紹一下矛盾關係和反對關係。

一、矛盾關係

　　首先看看矛盾關係：如果 A 和 B 是矛盾關係，那麼 A 和 B 即「非此即彼」。

　　常考的矛盾關係主要有三組：

　　1. 某 A 是 B，與某 A 非 B。

　　2. 所有 A 是 B，與有的 A 非 B。

　　3. 所有 A 非 B，與有的 A 是 B。

　　矛盾關係必有一真一假。下面我們用一道例題來加以詳細說明：

【例題】

甲、乙、丙、丁四個嫌疑犯口供如下：

甲：肯定是乙幹的，因他有前科。

乙：是丁做的。

丙：那天我在上班，根本不可能去盜竊，不是我做的。

丁：乙誣陷我。

　　結果顯示四人口中只有一人是真的，而且罪犯只有一人，那麼誰是罪犯呢？

　　A. 甲　　　　　　B. 乙　　　　　　C. 丙　　　　　　D. 丁

【答案】C

【解析】首先，乙和丁構成矛盾關係，必有一真一假。那唯一的真話就在乙和丁之間。剩下的甲和丙說的就都是假話了。丙說不是他幹的是假話，那丙就是罪犯。

二、反對關係

我們再來看反對關係。反對關係簡單地說就是除了兩者之外還有其他情況的存在。

常考的反對關係有兩組：

1. 所有Ａ是Ｂ與所有Ａ非Ｂ，它們的意義是兩個至少有一假，可以同假。

2. 有的Ａ是Ｂ與有的Ａ非Ｂ，它們的意義是兩個至少有一真，可以同真。

我們來看到例題：

【例題】

某律師事務所共有 12 名工作人員：

1. 有人會使用計算機；

2. 有人不會使用計算機；

3. 所長不會使用計算機。

這三個命題中只有一個是真的，以下哪個為真？

A. 12 個都會用

B. 12 個人都不會用

C. 僅有 1 人會用

D. 不能確定

【答案】A

【解析】首先，1 和 2 構成反對關係，並且必有一真，可以同真。所以唯一的真話就在 1 和 2 之間。所以剩下的 3 說的就是假話，即所長會使用計算機，由此可推出 1 正確，2 錯誤，而由 2 為假可以推出 12 個人都會用。

中文語言理解練習題 Q1-32

每道題包含一段話或一個句子，後面是一個不完整的陳述，要求你從四個選項中選出一個來完成陳述。注意：答案可能是完成對所給文字主要意思的提要，也可能是滿足陳述中其他方面的要求，你的選擇應與所提要求最相符合。

請開始作答：

Q1. 一位法國語言學家曾說過："有什麼樣的文化，就有什麼樣的語言。"所以，語言的工具性本身就有文化性。如果只重視聽、說、讀、寫的訓練或語音、詞彙和語法規則的傳授，以為這樣就能理解英語和用英語進行交際，往往會因為不了解語言的文化背景，而頻頻出現語詞歧義、語用失誤等令人尷尬的現象。

這段文字主要說明：
A · 語言兼具工具性和文化性
B · 語言教學中文化教學的特點
C · 語言教學中文化教學應受到重視
D · 交際中出現各種語用錯誤的原因

Q2. 在今天的商業世界中，供過於求是普遍現象。為了說服顧客購買自己的產品，大規模競爭就在同類商品的生產企業之間展開了，他們得經常設法向消費者提醒自己產品的名字和優等的質量，這就需要靠廣告。

對這段文字概括最恰當的是：
A · 廣告是商業世界的必然產物
B · 各商家之間用廣告開展競爭
C · 廣告就是要說服顧客買東西
D · 廣告是經濟活動中供過於求的產物

Q3. 空間探索自開始以來一直受到指責，但我們已經成功地通過衛星進行遠程通信、預報天氣、開採石油。空間探索項目還會有助於我們發現新能源和新化學元素，而那些化學元素也許會幫助我們治愈現在的不治之症。

這段文字主要告訴我們，空間探索：
A · 利弊並存　　　　B · 可治絕症
C · 很有爭議　　　　D · 意義重大

Q4. 行為科學研究顯示，工作中的人際關係通常不那麼複雜，也寬鬆些，可能是由於這種人際關係更有規律，更易於預料，因此也更容易協調，因為人們知道他們每天都要共同努力，相互協作，才能完成一定的工作。

這段文字主要是在強調：
A · 普通的人際關係缺乏規律
B · 工作人員之間的關係比較簡單
C · 共同的目標使工作人員很團結
D · 維繫良好的人際關係要靠共同努力

Q5. 政府每推出一項經濟政策，都會改變某些利益集團的收益預期。出於自利，這些利益集團總會試圖通過各種行為選擇，來抵銷政策對他們造成的損失。此時如果政府果真因此而改變原有的政策，其結果不僅使政府出台的政策失效，更嚴重的是使政府的經濟調控能力因喪失公信力而不斷下降。

這段文字主要論述了：
A · 政府制定經濟政策遇到的阻力
B · 政府要對其制定的政策持續貫徹
C · 制定經濟政策時必須考慮到的因素
D · 政府對宏觀經濟的調控能力

Q6. 在新一輪沒有硝煙的經濟戰場上，經濟增長將主要依靠科技進步。而解剖中國科技創新結構，可以看出，在中國並不缺乏研究型大學、國家實驗室，最缺乏的是企業參與的研究基地以及研究型企業。企業資助、共建、獨資創立的科研機構，像

美國的貝爾實驗室，就是這種研究基地。

這段文字的主旨是：

A．要充分發揮企業在科技創新中的重要作用

B．中國不缺乏研究型大學，缺乏的是研究型企業

C．加強企業參與的研究基地建設是中國經濟騰飛的必經之珞

D．企業資助，共建、獨資創立的科研機構是提高企業效益的關鍵

Q7. 某公司的經驗充分顯示出，成功的行銷運作除了有賴專門的行銷部門外，還需要有優異的產品、精密的市場調研，更少不了專業的業務部門、公關部門、擅長分析的財務部門以及物流後勤等部門的全力配合與支持。如果行銷部門獨強而其他部門弱，或是行銷部門與其他部門不合，或是公司內部無法有效地整合，都會讓行銷運作無法順利有效進行，難以發揮應有的強大威力。

這段文字主要強調的是：

A．該公司各個部門的有效整合是其成功的關鍵

B．注重團隊合作是該公司取得成功的寶貴經驗

C．成功的行銷運作可以給企業帶來巨大經濟效益

D．行銷部門只有與相關部門緊密配合才能更好地發揮作用

Q8. 中國很早就有鮫人的傳說。魏晉時代，有關鮫人的記述漸多漸細，在曹植、左思、張華的詩文中都提到過鮫人。傳說中的鮫人過著神秘的生活。干寶《搜神記》載："南海之外，有鮫人，水居，如魚，不廢織績。其眼，泣，則能出珠。"雖然不斷有學者做出鮫人為海洋動物或人魚之類的考證，我個人還是認為他們是在海洋中生活的人類，其生活習性對大陸人而言很陌生，為他們增添了神秘色彩。

作者接下來最有可能主要介紹的是：

A．關於鮫人的考證

B．鮫人的神秘傳說

C．有關鮫人的詩文

D．鮫人的真正居處

Q9. 信息時代，信息的存在形式與以往的信息形態不同，它是以聲、光、電、磁、代碼等形態存在的。這使它具有"易轉移性"，即容易被修改、竊取或非法傳播和使用，加之信息技術應用日益廣泛，信息技術產品所帶來的各種社會效應也是人們始料未及的。在信息社會，人與人之間的直接交往大大減少，取而代之的是間接的、非面對面的、非直接接觸的新式交往。這種交往形式多樣，信息相關人的行為難以用傳統的倫理準則去約束。

作為一篇文章的引言，這段文字後面將要談論的內容最可能是：

A．信息存在形式的更新

B．信息社會與信息倫理

C．人際交往形式的多樣化

D．信息技術產品與生活方式

Q10. 雖然世界因發明而輝煌，但發明家個體仍常常寂寞地在逆境中奮鬥。市場只認同具有直接消費價值的產品，很少有人會為發明家的理想"埋單"。世界上有職業的教師和科學家，因為人們認識到教育和科學對人類的重要性，教師和科學家可以衣食無憂地培育學生，探究宇宙；然而，世界上沒有"發明家"這種職業，也沒有人付給發明家薪水。

這段文字主要想表達的是：

A．世界的發展進步離不開發明

B．發明家比科學家等處境艱難

C．發明通常不具有直接消費價值

D．社會應對發明家提供更多保障

Q11. 為什麼有些領導者不願意承擔管理過程中的"教練"角色？為什麼很多領導者不願意花時間去教別人？一方面是因為輔導員工要花去大量的時間，而領導者的時間本來就是最寶貴的資源。另一個原因則在於對下屬的輔導是否能夠收到預期的效果，是一件難說清的事情，因為有很多知識和方法是"只可意會，不可言傳"的。而從更深的層次來說，"教練"角色要求領導者兼具心理學家和教育專家的素質，這也是一般人難以具備的。

最適合做本段文字標題的是：

A．效率低下，領導之過？

B．團隊意識亟待增強

C．員工培訓，豈容忽視？

D．做領導易，做"教練"難

Q12. 在一天八小時的工作時間裡，真正有效的工作時間平均約六個小時左右。如果一個人工作不太用心，則很可能一天的有效工作時間只有四小時；但如果另一個人特別努力，絕大部份心思都投注在工作上，即使下班時間，腦子裡還在不斷思考工作上的事情，產生新的創意，思索問題的解決方案等，同樣一天下來，可能可以累積相當於十二個小時的工作經驗。長期如此，則兩個人同樣工作十年之後，前者可能只累積相當於六七年的工作經驗，但後者卻已經擁有相當於二十年的工作經驗。

這段文字主要強調的是：

A．習慣   B．方法

C．態度   D．經驗

Q13. 英國科學家指出，在南極上空，大氣層中的散逸層頂在過去 40 年中下降了大約 8 公里。在歐洲上空，也得出了類似的觀察結論。科學家認為，由於溫室效應，大氣層可能會繼續收縮。在 21 世紀，預計二氧化碳濃度會增加數倍，這會使太空邊界縮小 20 公里，使散逸層以上區域熱電離層的密度繼續變小，正在收縮的大氣層至少對衛星會有不可預料的影響。

這段文字的主要意思是：

A．太空邊界縮小的幅度會逐漸加大

B．溫室效應會使大氣層繼續收縮

C．大氣層中的散逸層頂會不斷下降

D．正在收縮的大氣層對衛星的影響不可預料

Q14. 即使社會努力提供了機會均等的制度，人們還是會在初次分配中形成收入差距，由於在市場經濟中資本也要取得報酬，擁有資本的人還可以通過擁有資本來獲取報酬，就更加拉大了初次分配中的收入差距，所以當採用市場經濟體制後，為了縮小收入分配差距，就必須通過由國家主導的再分配過程來縮小初次分配中所形成的差距；否則，就會由於收入分配差距過大，形成社會階層的過度分化和衝突，導致生產過剩的矛盾。

這段文字主要談論的是：

A．收入均衡難以實現

B. 再分配過程必不可少

C．分配差距源於制度

D．收入分配體制必須改革

Q15. 電子產品容易受到突然斷電的損害。斷電可能是短暫的，才十分之一秒，但對於電子產品卻可能是破壞性的。為了防止這種情況發生，不間斷電源被廣泛應用於計算機系統、通訊系統以及其它電子設備。不間斷電源把交流電轉變成直流電，再對蓄電池充電。這樣，在停電時，蓄電池即可以彌補斷電的間歇。

這段文字主要談論的是：

A．斷電對電子產品的損害

B．如何用蓄電池防止斷電損害

C．防止斷電損害電子產品的辦法

D．不間斷電源的工作原理及功能

Q16. 城市競爭力的高低，從本質上講，不僅僅取決於硬環境的好壞——基礎設施水平的高低、經濟實力的強弱、產業結構的優劣、自然環境是否友好等，還取決於軟環境的優劣。這個軟環境是由社會秩序，公共道德、文化氛圍、教育水準、精神文明等諸多人文元素組成的。而這一切主要取決於市民的整體質素。

這段文字意在說明：

A · 人文元素組成了城市競爭力的軟環境

B · 軟環境取決於市民的整體素質的高低

C · 城市競爭力由硬環境和軟環境共同決定

D · 提高市民整體素質有助於提高城市競爭力

Q17. 以制度安排和政策導向方式表現出來的集體行為，不過是諸多個人意願與個人選擇的綜合表現。除非我們每一個人都關心環境，並採取具體的行動，否則，任何政府都不會有動力（或壓力）推行環保政策．即使政府制定了完善的環保法規，但如果每個公民都不主動遵守，那麼，再好的環保法規也達不到應有的效果。

這段文字主要支持的一個觀點是：

A · 政府有責任提高全民的環保意識

B · 完善的環保法規是環保政策成敗的關鍵

C · 政府制定的環保法規應該體現公民個人意願

D · 每個公民都應當提高自己的環保意識

邏輯判斷（Q18-32）

邏輯判斷。每道題給出一段陳述，這段陳述被假設是正確的，不容置疑的。要求你根據這段陳述，選擇一個答案。注意：正確的答案應與所給的陳述相符合，不需要任何附加說明即可以從陳述中直接推出。請開始作答：

Q18. 許多上了年紀的老北京都對小時候廟會上看到的各種絕活念念不忘。如今，這些絕活有了更為正式的稱呼——民間藝術。然而，隨著社會現代化進程加快，中國民俗文化面臨前所未有的生存危機，城市環境不斷變化，人們興趣及愛好快速分流和轉移，加上民間藝術人才逐漸流失，這一切都使民間藝術發展面臨困境。

從這段文字可以推出：

A · 市場化是民間藝術的出路

B · 民俗文化需要搶救性保護

C · 城市建設應突出文化特色

D · 應提高民間藝術人才的社會地位

Q19. 盛世興收藏。隨著物質生活的改善，人們精神需求更加豐富，神州大地興起了收藏熱。然而，由於過多地摻入了功利色彩，熱得多少有些浮躁，熱得缺少點文化的靈魂。最近，北京舉辦了幾次"鑒寶"活動，請專家為民間收藏者鑒別藏品。挾"寶"而來者甚眾，真正淘到真品的，寥寥無幾；一些人耗資數萬、數十萬，卻看走眼了，得到的卻是贗品。

從這段文字可以推出：

A · 收藏需要具備專業知識

B · 收藏需要加以正確引導

C · 收藏市場亟需一批專業"鑒寶"人才

D · "鑒寶"活動有利於淨化收藏市場

Q20. 在許多鳥群中，首先發現捕食者的鳥會發出警戒的叫聲，於是鳥群散開。有一種理論認為，發出叫聲的鳥通過將注意力吸引到自己身上而拯救了同伴，即為了鳥群的利益而自我犧牲。

最能直接削弱上述結論的一項是：

A · 許多鳥群棲息時，會有一些鳥輪流擔任警戒，危險來臨時發出叫聲，以此增加群體的生存機會。

B・喊叫的鳥想找到更為安全的位置，但是不敢擅自打破原有的隊形，否則捕食者會發現脫離隊形的單個鳥。

C・危險來臨時，喊叫的鳥和同伴相比可能處於更安全的位置，它發出喊叫是為了提醒它的伴侶。

D・鳥群之間存在親緣關係，同胞之間有相同的基因，喊叫的鳥雖然有可能犧牲自己，但卻可以挽救更多的同胞，從而延續自己的基因。

Q21. 水上滑板風馳電掣，五彩繽紛，受到人們的廣泛歡迎。它能把一只小船駛向任何地方，年輕人對此頗為青睞。這一項目的日益普及產生了水上滑板的管理問題。在這個問題上，我們不能不傾向於對之進行嚴格管制的觀點。

根據這段文字，可以推出的是：

A・水上滑板的普及帶來了管理難題

B・年輕人是水上滑板管理的主要對象

C・水上滑板如何管理目前尚無定論

D・嚴格管制將進一步推動水上滑板的普及

Q22. 2014 年，在全球範圍內，筆記本電腦的銷售量為 4900 萬台，幾乎是 2010 年銷售量的 2 倍，在市場上的佔有率從 20.3% 上升至 28.5%，與此同時，成本從每台 2126 美元下降至 1116 美元。分析人士預測，到 2018 年，筆記本電腦的銷售量將會超過台式電腦的銷售量。

最能支持上述論斷的一項是：

A・新型的台式電腦即將問世

B・中國已成為筆記本電腦的消費大國

C・市場對筆記本電腦的需求仍將持續上升

D・價格已成為影響筆記本電腦銷售的重要因素

Q23. 在防治癌症方面，橙汁有多種潛在的積極作用，尤其由於它富含橙皮素和柚苷素等類黃酮抗氧化劑。研究證據已經表明，橙汁可以減少兒童患白血病的風險，並有助於預防乳腺癌、肝癌和結腸癌。根據研究結果，橙汁的生物效應在很大程度上受到其成分的影響，而其成分的變化又依賴於氣候、土壤、水果成熟度以及採摘後的存儲方法等條件。

由此可以推出：

A. 並非所有的橙汁都有相同的防癌功效

B. 過度飲用橙汁會給身體健康造成不良影響

C. 相對於健康兒童而言，白血病患兒的橙汁飲用量較小

D. 生長於良好的氣候土壤條件下，成熟並避光保存的橙子最有功效

Q24. 某國際小組對從已滅絕的一種恐鳥骨骼化石中提取的 DNA 進行遺傳物質衰變速率分析發現，雖然短 DNA 片段可能存在 100 萬年，但 30 個或者更多城基對序列在確定條件下的半衰期只有大約 15.8 萬年。某位科學家據此認為，利用古代 DNA 再造恐龍等類似於電影《侏羅紀公園》中的故事不可能發生。

以下哪項如果為真，最能反駁該科學家的觀點？

A.《侏羅紀公園》雖然是一部科幻電影，但也要有事實依據。

B. 上述研究的化石樣本可能受到人類 DNA 的“污染”

C. 環境因素會影響 DNA 等遺傳物質的衰變速率

D. 恐鳥與恐龍的城基對序列排列順序不同

Q25. 碎片化時代人們的注意力很難持久。讓用戶在郵件頁面停留更長時間已經成為了營銷者不斷努力的方向。隨著富媒

體化的逐步流行，郵件逐步從單一靜態向動態轉變，個性化郵件的特性也逐步凸顯。GIF 制作簡單，兼容性強，在郵件中可以增加視覺衝擊力。因此，在郵件中插入 GIF 動態圖片，更能吸引用戶的目光，增加用戶的點擊率。

以下哪項如果為真，最能支持上述結論？

A. 如果針對特定用戶群而制定個性化營銷郵件，那麼銷售機會會增加 20%。

B. 過去沒有插入 GIF 動態圖片的個性化營銷郵件，也為很多企業帶來了成功。

C. 上世紀 70 年代出生的人習慣於電子郵件的靜態界面，不喜歡花裡胡哨的東西。

D. 插入 GIF 動態圖片的個性化營銷郵件，比普通發送的郵件給企業帶來的收入多 18 倍。

Q26. 一個旅行者要去火車站，早上從酒店旅館出發，到達一個十字路口。十字路口分別通向東南西北四個方向，四個方向上分別有酒店、旅館、書店和火車站。書店在飯店的東北方，酒店在火車站的西北方。

該旅行者要去火車站，應當往哪個方向走？

A. 東　　B. 南　　C. 西　　D. 北

Q27. 由於一種新的電池技術裝置的出現，手機在幾分鐘內充滿電很快就會變成現實。這種新裝置是一種超級電容器，它儲存電流的方式是通過讓帶電離子聚集到多孔材料表面，而非像傳統電池那樣通過化學反應儲存這些離子。因此這種超級電容器能在幾分鐘內儲滿電。研究人員認為這種技術裝置將會替代傳統電池。

以下哪項如果為真，不能支持上述結論？

A. 超級電容器能夠儲存大量電能，保證長時間正常運作。

B. 超級電容器能循環使用數百萬次，相比之下傳統電池只能使用數千次。

C. 超級電容器可嵌入汽車底盤為汽車提供動力，可更方便地進行無線充電。

D. 超級電容器充電時所耗電能比傳統電池少 90%，但供電時間比後者長 10 倍。

Q28. 颱風是大自然最具破壞性的災害之一。有研究表明：通過向空中噴灑海水水滴，增加颱風形成區域上空雲層對日光的反射，那麼颱風將不能聚集足夠的能量，這一做法將有效阻止颱風的前進，從而避免更大程度的破壞。上述結論的成立需要補充以下哪項作為前提？

A. 噴灑到空中的水滴能夠在雲層之上重新聚集

B. 人工製造的雲層將會對鄰近區域的降雨產生影響

C. 颱風經過時，常伴隨著大風和暴雨等強對流天氣

D. 颱風前進的動力來源於海水表面日光照射所產生的熱量

Q29. 有一段時間，電視機生產行業競爭激烈。由於電視機品牌眾多，產品質量成為消費者考慮的首要因素。某電視機生產廠家為了擴大市場份額，一方面加大研發力度，進一步提高了電視機產品的質量；另一方面在價格上作調整，適當降低了產品的價格。然而，調整之後的頭三個月，其電視機產品的市場份額不但沒有提高反而有所下降。

以下哪項如果為真，最能解釋上述現象？

A. 消費者通常會考慮不同產品的價格差異，而非同一產品在不同時期的價格差異。

B. 一個家庭再次購買電視機產品時會首先考慮原來的品牌。

C. 消費者通常是通過價格來衡量電視機產品質量的

D. 其他電視機生產廠家也調整了產品價格

Q30. 城市病指的是人口湧入大城市，導致其公共服務功能被過度消費，最終造成交通擁擠、住房緊張、空氣污染等問題。有專家認為，當城市病嚴重到一定程度時，大城市的吸引力就會下降，人們不會再像從前一樣向大城市集聚，城市病將會減輕，從而煥發新的活力。

如果以下各項為真，能夠削弱上述觀點的是？

A. 中國已經進入城市病的爆發期，居民生活已受到影響。

B. 大城市能夠提供的公共服務是中小城市所無法替代的

C. 政府應該將更多財力用於發展中小城市、鄉鎮、農村

D. 中小城市活力足，發展潛力大，對人們吸引力會很強

Q31. "有好消息，也有壞消息。" 無論是談起什麼主題，這樣的開場白都頓時讓人覺得一絲寒意傳遍全身。接著這句話，後邊往往是這樣一個問題：你想先聽好消息還是壞消息？一項新的研究表明，你可能想先聽壞消息。

如果以下各項為真，最能削弱上述論證的是：

A. 若消息是來自一個你信任的人，那麼你想先聽好壞消息的順序會不同。

B. 研究發現，若由發佈消息的人來決定，那麼結果往往總是先說好消息。

C. 心理學家發現，發佈好壞消息的先後順序很可能改變人們對消息的感覺。

D. 心理評估結果證明先聽到壞消息的學生比先聽到好消息的學生焦慮要小

Q32. 今年聯賽決賽的最後 4 支隊伍是甲、乙、丙和丁。其中 N 與 T 分別為甲隊和丁隊的主教練。有人指出，甲隊此前每次奪該項桂冠的賽季都曾戰勝過 T 教練所在的球隊；過去 4 年間，丁隊在 N 教練的指導下，每隔一年都能奪得該項桂冠，而去年丁隊沒有奪冠。

以下哪項如果為真，與上述表述相矛盾？

A. T 教練可能執教過丁隊

B. N 教練去年曾執教丁隊

C. 甲隊曾 4 次奪得該項冠軍

D. 丁隊前年未獲得該項冠軍

中文語言理解練習題 Q1-32

答案及解析

Q1. C

【解析】首先，很容易知道，這段文字討論的問題語言教學的。從 "如果只重視聽、說、讀、寫的訓練或語音、詞彙和語法規則的傳授……"，可以很清楚的看到這一點。其次，這段文字討論了語言教學中忽視文化教學而產生的尷尬。所以，這段文字主要說明的是語言教學中文化教學應該受到重視。

Q2. D

【解析】文中第一句話說明當今商業界供過於求是普遍現象。緊接著介紹廣告的誕生。因此，本文主要說明的是經濟活動中供過於求從而產生了廣告。

Q3. D

【解析】轉折（但我們……）後面的是要強調的部份，強調的是空間探索的意義重大。A 利弊並存，文中只說空間探索自開始以來一直受到指責，並沒有談論弊。B、C 說法不全面。

Q4. B

【解析】首先這段文字主要討論的是人際關係的不複雜以及之所以不複雜的原因。通過抓關鍵詞可以直接選擇 B。A、D 與

題幹無關；C 很團結説法不對，文中只説明了工作中的人際關係通常不那麼複雜，更容易協調。

Q5. B
【解析】文中兩層意思，第一是政府每推出一項經濟政策會遇到某些利益集團的抵制；第而，如果政府因此改變政策會導致嚴重的後果：政策失效，更嚴重的是使政府的經濟調控能力因喪失公信力而不斷下降。所以，本文只要論述了政府要對其制定的政策持續貫徹。

Q6. C
【解析】這段文字所涉及的主體是整個中國的經濟，而不是企業。因此選 C。

Q7. D
【解析】容易誤選 B。但是本文討論的重點是成功的行銷運作是如何實現的。

Q8. A
【解析】本文結尾處，作者説"我個人還是認為他們是在海洋中生活的人類"，既然作者提出了自己的觀點，下面自然就應該進行考證。

Q9. B
【解析】本文主要討論信息社會中的倫理問題。很容易排除 A、C、D。

Q10. D
【解析】本文主要意思是發明家處境艱難，應該給以他們更多的保障。

Q11. D
【解析】本文討論的是"教練"難做。

Q12. C
【解析】工作是否用心，結果會大不一樣。顯然是討論工作態度問題。

Q13. B
【解析】溫室效應導致大氣層收縮。ACD 都是大氣層收縮產生的後果。

Q14. B
【解析】初次分配形成的差距要通過再分配來調整，否則會導致矛盾。所再分配不可少。

Q15. D
【解析】本文主要介紹不間短電源，因此選 D。

Q16. D
【解析】城市競爭力的高低，從本質上講，不僅取決於硬件環境和軟件環境，主要取決於市民的整體質素。因此 D 正確。

Q17. D
【解析】句子轉折後面是強調的重點，"但如果每個公民都不主動遵守，那麼，再好的環保法規也達不到應有的效果。"所以選 D。

邏輯判斷（Q18-32）

Q18. B
【解析】民俗文化面臨生存危機，民間藝術人才流失，因此需要採取保護措施。

Q19. B
【解析】收藏熱功利色彩重，過於浮躁，缺少文化靈魂，需要引導。

Q20. B
【解析】上述結論相反，鳥鳴叫，不是出於保護鳥群利益而自我犧牲，而是為了自己的利益。

Q21. C
【解析】 "我們不能不傾向於對之進行嚴格管制的觀點",説明目前有很多觀點,無定論。

Q22. C
【解析】 雖然市場對筆記本電腦的需求仍將持續上升並不一定會導致筆記本電腦的銷售量超過台式電腦的銷售量,但是筆記本電腦的銷售量要超過台式電腦的銷售量,市場對筆記本電腦的需求必須要持續上升。

Q23. A
【解析】 B項"過度飲用橙汁"、C項"白血病患兒的橙汁飲用量小"、D項"成熟並避光保存的橙子最有功效"在題幹中都找不到依據;由題幹可知橙汁的生物效應取決於氣候、土壤等因素,則橙汁的功效並不是一樣的,可推出A項。故選A。

Q24. C
【解析】 科學家通過恐鳥的骨骼化石中的DNA中的城基對序列半衰期時間短,得出結論無法利用古代DNA再造恐龍。C項環境因素會影響DNA等遺傳物質的衰變速率,意味著恐鳥的半衰期雖然在一定條件下有15.8萬年,但是環境因素可能使得半衰期更長,意味著利用古代DNA再造恐龍是有可能的;A項轉移論題,與題幹論證無關;B項可以質疑,但力度較弱;D項只説明恐龍和恐鳥城基對序列不同,不能質疑題幹結論。故選C。

Q25. D
【解析】 在郵件中插入GIF動態圖片,更能吸引用戶的目光,增加用戶的點擊率。A項將GIF動態圖片偷換為"個性化營銷郵件",為無關項;B項削弱了題幹結論;C項習慣於靜態界面,反駁了題幹結論;

D項插入GIF圖片故選D項。

Q26. B
【解析】 已知酒店、旅館、書店、火車站分別位於東南西北四個方向上,由書店在酒店的東北方,可知書店位於北方、酒店位於西方或書店位於東方,酒店位於南方。由酒店在火車站的西北方可知書店在北方,酒店在西方,則火車站位於南方。故本題答案為B。

Q27. C
【解析】 題幹中通過新型技術充電快得出這種技術裝置將會替代傳統電池的結論,選項A該電池能夠儲存大量的電能,表明該技術不僅時間短同時電能豐富,能夠加強該技術將會替代傳統的電池。選項B、D也體現出這種電池比傳統電池的優勢能夠構成加強,但是C這種技術對於汽車的使用更加方便為無關項。

Q28. D
【解析】 題幹中的結論是"這一做法將有效阻止颱風的前進",論據是"向空中噴灑雨滴會增加颱風形成區域上空雲層對日光的反射,從而會使颱風不能聚集足夠的能量"。要想使結論成立,需要在"日光反射所產生的能量"和"颱風的前進"之間建立聯繫,故答案選D。

Q29. C
【解析】 題幹中矛盾的現象是"為什麼提升了質量,降低了價格以後,其產品的銷量不但沒增長反而會下降",A選項有一定的解釋作用,但解釋不了為什麼銷量會有所下降;B選項跟題幹中的價格沒有關係,是無關項;C選項説的是消費者會根據價格來衡量產品的質量,所以題幹中説降低了產品的價格,人們就會認為其質量也會降低,故會減少購買,很好地解釋了

題幹中矛盾的現象；D 選項雖然其他廠家也調整了產品的價格，看看不出誰的價格佔優勢，故不能解釋題幹中的現象。故答案選 C。

Q30. B
【解析】題幹指出當城市病嚴重到一定程度時，大城市的吸引力會下降，城市病將減輕。B 選項指出大城市的吸引力並不會下降，削弱了題幹觀點；A、C 兩項為無關項；D 項在一定程度上支持了題幹觀點，排除。故答案選 B。

Q31. A
【解析】題幹結論為：當有好消息也有壞消息時，你可能想先聽壞消息。A 項指出先聽好壞消息的順序會受到告訴你消息的人的影響，屬於另有他因，削弱了題幹結論，B 項的"發佈消息的人決定"、C 項的"人們對消息的感覺"和 D 項的"焦慮"均為無關項。故答案選 A。

Q32. D
【解析】由題幹最後一句話"在過去 4 年間，丁隊在 N 教練的指導下，每隔一年都能奪得該項桂冠，而去年丁沒奪冠"可知前年丁肯定奪冠，因此 D 項一定錯誤。A、B、C 三項均可能正確，與題幹不矛盾。故答案選 D。

PART 2

英文語言理解

1. 快速閱讀的方法

　　面對繁雜的英語，要提高效率，就要有一定的方法。要發現對自己有用的信息，需掌握以下方法：

一、推測（Prediction）

　　在閱讀中我們經常會遇到許多生字。其實，閱讀材料中的每個詞語與它前後的詞語或句子，甚至段落都有關聯。我們可以利用語境（各種已知訊息）推測、判斷某些生詞的詞義。

　　近年，公務員入職試加大了對考生猜詞義能力的考查，因此，掌握一定的猜詞技巧，對突破閱讀理解題、提高我們的英語語言能力都有非常重要的意義。這種題常見的提問方式有：

1. The word "…" in paragraph… can best be replaced by….
2. The underlined word "…" most probably means….
3. By saying "…", the author means…
4. The expression "…" is closest to…
5. According to the passage, the phrase "…" suggests…
6. The underlined part "…" (in Paragraph…) means...

　　做這種類型的題，要根據詞語、詞組、句子所在的語境來判斷其意義。因此熟練掌握一些猜詞技巧是做好這類題的關鍵。命題者在出這類題時慣用常規詞義來麻痹考生，我們要特別注意熟詞生義，切不可脫離語境想當然。

猜測字義時，一般可利用以下三方面的線索：

1. 針對性解釋

針對性解釋是作者為了更好的表達思想，在文章中對一些重要的概念、難懂的術語或高深的詞彙等所做的通俗化的解釋。這些解釋提供的訊息明確具體，所使用的語言通俗易懂，利用它們來猜測詞義就非常簡單。

a. 根據定義猜測詞義

如果生詞有一個句子或段落來定義，那麼理解這個句子或段落本身就是推斷詞義。

定義常用的謂語動詞多為：be, mean, deal with, be considered, to be, be called, define, represent, refer to, signify 等。

【例題】

Do you know what a "territory" is? A territory is an area that an animal, usually the male, claims as its own. 由定義可推知，這裡的 territory 指的是：「動物的地盤」。

再舉一個例子：

Green building means "reducing the impact of the building on the land".

由定義我們可以推斷這裡 Green building 指的是什麼。

b. 根據覆述推測詞義

雖然覆述不如定義那樣嚴謹、詳細，但它提供的訊息可以為閱讀者猜測詞義提供依據，至少讀者可以根據覆述猜測生字的大概的義域（意義範圍）。覆述部份可以是詞、短語，或從句。

i. 同位語覆述：在覆述中構成同位關係的兩部份之間，常用逗號連接，有時也使用破折號、冒號、分號、引號和括號等。同位語前常有 or, similarly, that is to say, in other words, namely, or other, say, i.e. 等。

【例題】

In fact, only about 80 ocelots, an endangered wild cat, exist in the U.S. today．

由同位語「an endangered wild cat」，我們很快猜出生詞 ocelots（豹貓）的義域：一種瀕臨滅絕野貓。

ii. 定語從句覆述：定語從句的引導詞有關係代詞 who, whom, whose, which, that, as；關係副詞 when, where 和 why。

【例題】

Here is The Pines, whose cook has developed a special way of mixing foreign food such as caribou, wild boar, and reindeer with surprising sauces．

According the passage, The Pines is:

A．a place in which you can see many mobile homes.

B．a mountain where you can get a good view of the valley.

C．a town which happens to be near the Banff National Park.

D．a restaurant where you can ask for some special kinds of food.

【答案】D

【解析】通過「whose」引導的定語從句，我們可以推測到：The Pines 是一家食肆的名字，由此不難推出答案。

c. 根據舉例猜測詞義

恰當的舉例能夠提供猜測生詞的重要線索。

例如：

The course gives you chances to know great power polities between nation states. It will provide more space to study particular issues such as relationship among countries in the European Union, third world debt, local and international disagreement, and the work of such international bodies as the United Nations, the European Union, NATO, and the World Bank.

根據 such as 後面列舉的一系列例子，我們應該能推斷出句中的 issue 是指「議題」。

2. 內在邏輯關係

根據內在邏輯關係，推測詞義是指應用語言知識分析和判斷相關訊息之間存在的邏輯關係，然後根據邏輯聯繫推斷生字字義或大致義域。

a. 根據對比關係猜測詞義

在一個句子或段落中，有對兩個事物或現象進行對比性的描述，我們可以根據生字的反義詞猜測其意思。表示對比關係的詞彙和短語主要有：unlike, not, but, however, despite, in spite of, in contrast 等。表示對比關係的句子結構：while 引導的並列句。

【例題】

A child's birthday party doesn't have to be a hassle; it can be a basket of fun.

What does the word 'hassle' probably mean?

A. a party designed by specialists

B. a plan requiring careful thought

C. a situation causing difficulty or trouble

D. a demand made by guests

【答案】C

【解析】根據對比關係，由於 hassle 和 a basket of fun 是相反的意義，故很容易判斷理解題的答案為 C。

b. 根據比較關係猜測詞義

同對比關係相反，比較關係表示意義上的相似關係。表示比較關係的詞和短語主要有：similarly, like, just as, also, as well as 等。

例如：Green loves to talk, and his brothers are similarly loquacious.

該句中副詞 similarly 表明短語 loves to talk 和 loquacious 之間的比較關係，其意義相近。由此我們可推斷出 loquacious 的意思是「健談的」。

c. 根據因果關係猜測詞義

在句子或段落中，若兩個事物現象之間構成因果關係，我們可以根據這種邏輯關係推測生字的字義。

【例題】

I feel that since you are my superior, it would be presumptuous of me to tell you what to do .

The word "presumptuous" in the middle of the passage is closest in meaning to _____ .

A. full of respect

B. too confident and rude

C. lacking in experience

D. too shy and quiet

【答案】B

【解析】根據 since 引導的原因狀語從句的內容（既然你是我的上司），我們可以推斷句中 presumptuous 的意思是：「冒失的，放肆的」意思，後半句的意思是：我告訴你怎麼做會是一種放肆 / 冒失的行為。對應的理解題答案為：B。

d. 根據同義、近義、並列、替代、說明等關係猜測詞義：在句子或段落中，我們可以利用熟悉的詞語，根據語言環境所表示的關係推斷生字的字義。

【例題】

William Shakespeare said. "The web of our life is of a mingled yarn，good and ill together."

The word "mingled" most probably means:

A. simple

B. mixed

C. sad

D. happy

【答案】B

【解析】句中 good and ill together 具體地說明了 a mingled yarn 的意義，據此我們不難推測 mingled 的意思是：「混合的，交織的」，故答案是：B。

再來一個例子：

Is it possible to beat high blood pressure without drugs？The answer is "yes"，according to the researchers at Johns Hopkins and three other medical centers.

根據 and three other medical centers 這種並列關係，故我們很容易推斷出：Johns Hopkins 是一間醫療中心。

3. 通過構詞法

在猜測詞義過程中，我們還可以依靠構詞法方面的知識，從生字本身猜測字義。

a. 根據前綴猜測詞義

例如：Do you have any strong opinion on co-educational or single-sex schools?

根據詞根 educational（教育的），結合前綴 co-（共同、一起），我們便可以猜出 co-educational 的意思是：「男女同校教育的」之意思。

b. 根據後綴猜測詞義

例如：It's a quiet, comfortable hotel overlooking（俯瞰）the bay in an uncommercialized Cornish fishing village on England's most southerly point．

後綴「-ise/ize」的意思是「使成為…；使…化」，結合詞根 commercial（商業的），不難猜出 uncommercialized 的意思是「未被商業化的」。

c. 根據覆合詞的各部份猜測詞義

例如：Good tool design is important in the prevention of overuse injuries. Well-designed tools and equipment will require less force to operate them and prevent awkward hand positions.

Well-designed 或許是個生字，但我們分析該詞的結構後，就能推測出其含義。它由 well（好、優秀）和 design（設計）兩部份組成，合在一起便是「設計精巧的」之意思。

又例如：We live in a technological society where most goods are mass-produced by unskilled labor. Because of this, most people that craft no longer exists.

根據合成詞中的 mass（大量的）和 produce（生產），我們可以推測 mass-produce 的意思是：「大批量生產；規模生產」的意思。

綜上所述，利用各種已知的信息推測判斷生字字義是一項重要的閱讀技能。在閱讀中我們可以根據實際靈活應用上面提到的幾種猜詞技巧，排除生字的干擾，理解文章的思想，提高閱讀速度，同時，提高我們在高考閱讀理解中的得分率。

二、略讀（Skimming）

Skim 有掠過的意思，又有從牛奶等液體上撇去的意思，轉意為「快速掠過，從中提取最容易取得的精華」。用於閱讀，可以理解為：「快速讀過去，取出讀物中關鍵性的東西」。

一般而言，通過標題可知道文章的主題。對文章的首段和末段要多加註意，以便發現作者的觀點。

【例題】

"A few months ago, it wasn't unusual for 47-year-old Carla Toebe to spend 15 hours per day online. She'd wake up early, turn on her laptop and chat on Internet dating sites and instant-messaging programs — leaving her bed for only brief intervals. Her household bills piled up, along with the dishes and dirty laundry, but it took near-constant complaints from her four daughters before she realized she had a problem.

I was starting to feel like my whole world was falling apart -- kind of slipping into a depression," said the Richland, Wash., resident. "I knew that if I didn't get off of the dating sites, I would just keep going," detaching herself further from the outside world.

Toebe's conclusion: She felt like she was "addicted" to the Internet. She's not alone."

What eventually made Carla Toebe realize she was spending too much time on the Internet?

A. Her daughter's repeated complaints.

B. Fatigue resulting from lack of sleep.

C. The poorly managed state of her house.

D. The high financial costs adding up.

【答案】A

【解析】一般來說，快速閱讀的第一題往往是針對文章的開頭部份。以該題為例，基本上所有考生都能夠定位到第一段。可是第一段到底應該怎麼讀，就成了個大問題。

誠然，從頭到尾「快速」讀完確實是個辦法——而且也是絕大多數考生使用的辦法，但這樣做完全失去了 skimming 的意義。換個角度來說，如果每個題目都像這樣把段落讀完，那麼十道題加在一起所積累的閱讀量勢必將超過 15 分鐘的大限。其實大部份文章的段落重點或者說中心都集中在首末句上。略讀所要考察的就是考生是否敢於大膽抓住首末句，拋去段落中間的無效部份，從而迅速找到答案。

以本題而言，該段最後一句，尤其是 but 之後的「it took near-constant complaints from her four daughters before she realized she had a problem」（直到她的四個女兒開始不斷發出抱怨的時候她開始意識到自己出問題了），就是答案所在位置。故而選擇 A 選項。

再舉另一例子：

Like most people, I've long understood that I will be judged by my occupation. It's obvious that people care what others do for a living: Head into any social setting and introductions of "Hi, my name is . . . " are quickly followed by the ubiquitous "And what do you do?" I long ago realized my profession is a gauge that people use to see how smart or talented I am. Recently, however, I was disappointed to see that it also decides how I'm treated as a person.

Last year I left a professional position as a small-town reporter and took a job waiting tables while I figured out what I wanted to do next. As someone paid to serve food to people, I had customers say and do things to me I suspect they'd never say or do to their most casual acquaintances.

Some people would stare at the menu and mumble drink orders— "Bring me a water, extra lemon, no ice" —while refusing to meet my eyes. Some would interrupt me midsentence to say the air conditioning was too cold or the sun was too bright through the windows. One night a man talking on his cell phone waved me away, then beckoned me back with his finger a minute later, complaining he was ready to order and asking where I'd been.

I had waited tables during summers in college and was treated like a peon by plenty of people. But at 19 years old, I sort of believed I deserved inferior treatment from professional adults who didn't blink at handing over $24 for a seven-ounce fillet. Besides, people responded to me differently after I told them I was in college. Customers would joke that one day I'd be sitting at their table, waiting to be served. They could imagine me as their college-age daughter or future coworker.

Once I graduated I took a job at a community newspaper. From my first day, I heard a respectful tone from most everyone who called me, whether they were readers or someone I was hoping to interview. I assumed this was the way the professional world worked—cordially.

I soon found out differently. I sat several feet away from an advertising sales representative with a similar name. Our calls would often get mixed up and someone asking for Kristen would be transferred to Christie. The mistake was immediately evident. Perhaps it was because their relationship centered on "gimme," perhaps it was because money was involved, but people used a tone with Kristen that they never used with me.

"I called yesterday and you still haven't faxed—"

"Hi, this is so-and-so over at the real-estate office. I need—"

"I just got into the office and I don't like—"

"Hi, Kristen. Why did—"

I was just a fledgling reporter, but the governor's press secretary returned my calls far more politely than Kristen's accounts did hers, even though she had worked with many of her clients for years.

My job title made people chat me up and express their concerns and complaints with courtesy. I came to expect friendliness from perfect strangers. So it was a shock to return to the restaurant industry. Sure, the majority of customers were pleasant, some even a delight to wait on, but all too often someone shattered that scene.

I often saw my co-workers storm into the kitchen in tears or with a mouthful of expletives after a customer had interrupted, degraded, or ignored them. In the eight months I worked there, I heard my friends muttering phrases like "You just don't treat people like that!" on an almost daily basis.

It's no secret that there's a lot to put up with when waiting tables, and fortunately, much of it can be easily forgotten when you pocket the tips. The service industry, by definition, exists to cater to others' needs. Still, it seemed that many of my customers didn't get the difference between server and servant.

Some days I tried to force good manners. When a customer said hello but continued staring at his menu without glancing up at me, I'd make it a point to say, "Hi, my name is Christie," and then pause and wait for him to make eye contact.

I'd stand silent an awkwardly long time waiting for a little respect. It was my way of saying "I am a person, too."

I knew I wouldn't wait tables forever, so most days I just shook my head and laughed, pitying the people whose lives were so miserable they treated strangers shabbily in order to feel better about themselves.

Recently I left the restaurant world and took an office job where some modicum of civility exists. I'm now applying to graduate school, which means someday I'll return to a profession where people need to be nice to me in order to get what they want. I think I'll take them to dinner first, and see how they treat someone whose only job is to serve them.

How did the author feel when waiting tables at the age of 19?

A. She felt it unfair to be treated as a mere servant by professional.

B. She felt badly hurt when her customers regarded her as a peon.

C. She was embarrassed each time her customers joked with her.

D. She found it natural for professionals to treat her as inferior.

【答案】D

【解析】由題幹中的「waiting tables at the age of 19」定位到原文第 3 段第 2 句 But at 19 years old, I believed I deserved inferior treatment from professional adults. 作者 19 歲時在食店當招待員，不被顧客尊重，她對此的看法是「deserved inferior treatment」，即「比別人低人一等是理所應當的」。換句話說，作者認為這是十分自然的，即選項 D 所述的「natural」。正確答案為 D。

三、掃讀（Scanning）

Scanning 是快讀或速讀的一種方法。Scan 就是通常所說的「掃瞄」。其特點是快，但又要全部掃及。Scan 這個詞的詞義似乎矛盾，它既可以理解為「仔細地審視」，也可以理解為「粗略地瀏覽」。這種情況倒成了掃讀的絕好證明。

從形式上看，掃讀是粗粗地一掃而過，一目十行，但從讀者的注意方面來看，卻又是高度的集中，在快速閱讀中仔細挑出重要的訊息。因此，查閱可以理解為迅速找出文章中的有關事實細節或某一具體訊息；有時要找出某一個單詞或詞組，如人名、地名、日期、價格等；有時要找出文中所述的某一特殊事件，而這一事件可能是由一個詞或短語交代的。若不具

備一定的能力，這樣的細節恐不易發現。

　　掃讀其實對大家來說就比較熟悉了。首先是找到題幹關鍵詞，然後帶入原文定位尋找答案。段落中與關鍵詞無關部份可以一概略去不看。每次快速閱讀考試都有幾個直接定關鍵詞就能得答案的送分題。

【例題】

As a manager, Tiffany is responsible for interviewing applicants for some of the positions with her company. During one interview, she noticed that the candidate never made direct eye contact. She was puzzled and somewhat disappointed because she liked the individual otherwise.

He had a perfect resume and gave good responses to her questions, but the fact that he never looked her in the eye said "untrustworthy," so she decided to offer the job to her second choice.

"It wasn't until I attended a diversity workshop that I realized the person we passed over was the perfect person," Tiffany confesses. What she hadn't known at the time of the interview was that the candidate's 'different' behavior was simply a cultural misunderstanding. He was an Asian-American raised in a household where respect for those in authority was shown by averting your eyes.

"I was just thrown off by the lack of ye contact; not realizing it was cultural," Tiffany says. "I missed out, but will not miss that opportunity again."

Many of us have had similar encounters with behaviors we perceive as different. As the world becomes smaller and our workplaces more diverse, it is becoming essential to expand our under-standing of others and to reexamine some of our false assumptions.

Hire Advantage

At a time when hiring qualified people is becoming more difficult, employers who can eliminate invalid biases from the process have a distinct advantage. My company, Mindsets LLC, helps organizations and individuals see their own blind spots. A real estate recruiter we worked with illustrates the positive difference such training can make.

"During my Mindsets coaching session, I was taught how to recruit a diversified workforce. I recruited people from different cultures and skill sets. The agents were able to utilize their full potential and experiences to build up the company. When the real estate market began to change, it was because we had a diverse agent pool that we were able to stay in the real estate market much longer than others in the same profession."

Blinded by Gender

Dale is an account executive who attended one of my workshops on supervising a diverse workforce. "Through one of the sessions, I discovered my personal bias," he recalls. "I learned I had not been looking at a person as a whole person, and being open to differences." In his case, the blindness was not about culture but rather gender.

"I had a management position open in my department and the two finalists were a man and a woman. Had I not attended this workshop, I would have automatically assumed the man was the best candidate because the position required quite a bit of extensive travel. My reasoning would have been that even though both candidates were great and could have been successful in the position, I assumed the woman would have wanted to be home with her children and not travel." Dale's assumptions are another example of the well-intentioned but incorrect thinking that limits an organization's ability to tap into the full potential of a diverse workforce.

"I learned from the class that instead of imposing my gender biases into the situation, I needed to present the full range of duties, responsibilities and expectations to all candidates and allow them to make an informed decision." Dale credits the workshop, "because it helped me make decisions based on fairness."

Year of the Know-It-All

Doug is another supervisor who attended one of my workshops. He recalls a major lesson learned from his own employee.

"One of my most embarrassing moments was when I had a Chinese-American employee put in a request to take time off to celebrate Chinese New Year. In my ignorance, I assumed he had his dates wrong, as the first of January had just passed. When I advised him of this, I gave him a long talking-to about turning in requests early with the proper dates.

"He patiently waited, then when I was done, he said he would like Chinese New Year did not begin January first, and that Chinese New Year, which is tied to the lunar cycle, is one of the most celebrated holidays on the Chinese calendar. Needless to say, I felt very embarrassed in assuming he had his dates mixed up. But I learned a great deal about assumptions, and that the timing of holidays varies considerably from culture to culture.

"Attending the diversity workshop helped me realize how much I could learn by simply asking questions and creating dialogues with my employees, rather than making assumptions and trying to be a know-it-all," Doug admits. "The biggest thing I took away from the workshop is learning how to be more, inclusive to differences."

A better Bottom Line

An open mind about diversity not only improves organizations internally, it is profitable as well. These comments from a customer service representative show how an inclusive attitude can improve sales." Most of my customers speak English as a second language. One of the best things my company has done is to contract with a language service that offers translations over the phone. It wasn't until my boss received Mindsets "training that she was able to understand how important inclusiveness was to customer service. As result, our customer base has increased."

Once we start to see people as individuals and discard the stereotypes, we can move positively toward inclusiveness for everyone. Diversity is about coming together and taking advantage of our differences and similarities. It is about building better communities and organizations that enhance us as individuals and reinforce our shared humanity. When we begin to question our assumptions and challenge what we think we have learned from our past, from the media, peers, family, friends, etc., we begin to realize that some of our conclusions are flawed or contrary to our fundamental values. We need to train our-selves to think differently, shift our mindsets and realize that diversity opens doors for all of us, creating opportunities in organizations and communities that benefit everyone.

What is becoming essential in the course of economic globalization according to the author?

A. Hiring qualified technical and management personnel.

B. Increasing understanding of people of other cultures.

C. Constantly updating knowledge and equipment.

D. Expanding domestic and international markets.

題目問在經濟全球經濟一體化的進程中什麼變得非常重要（essential）。本題的關鍵詞為 essential，帶入到文章中很快發現它出現在全文第五段：Many of us have had similar encounters with behaviors we perceive as different. As the world becomes smaller and our workplaces more diverse, it is becoming essential to expand our under-standing of others and to reexamine some of our false assumptions. 題目簡單就簡單在 essential 之後的部份便是我們要找的內容——expand our under-standing of others and to reexamine some of our false assumptions（加

深對異域文化的了解，重新審視自己那些不實的假想），故答案選擇 B。

　　快速閱讀中的填空題更也幾乎全部依靠跳讀來定位。不過近幾年也出現了不少有一定挑戰性的題目。例如：

"After determining the target audience for a product or service, advertising agencies must select the appropriate media for the advertisement. We discuss here the major types of media used in advertising. We focus our attention on seven types of advertising: television, newspapers, radio, magazines, outofhome, Internet, and direct mail.

Television is an attractive medium for advertising because it delivers mass audiences to advertisers. When you consider that nearly three out of four Americans have seen the game show Who Wants to Be a Millionaire? You can understand the power of television to communicate with a large audience. When advertisers create a brand, for example, they want to impress consumers with the brand and its image. Television provides an ideal vehicle for this type of communication. But television is an expensive medium, and not all advertisers can afford to use it.

Television's influence on advertising is fourfold. First, narrowcasting means that

television channels are seen by an increasingly narrow segment of the audience. The Golf Channel, for instance, is watched by people who play golf. Home and Garden Television is seen by those interested in household improvement projects. Thus, audiences are smaller and more homogeneous than they have been in the past. Second, there is an increase in the number of television channels available to viewers, and thus, advertisers. This has also resulted in an increase in the sheer number of advertisements to which audiences are exposed. Third, digital recording devices allow audience members more control over which commercials they watch. Fourth, control over programming is being passed from the networks to local cable operators and satellite programmers.

After television, the medium attracting the next largest annual ad revenue is newspapers. The New York Times, which reaches a national audience, accounts for $1 billion in ad revenue annually, it has increased its national circulation by 40% and is now available for home delivery in 168 cities. Locally, newspapers are the largest advertising medium.

Newspapers are a less expensive advertising medium than television and provide a way for advertisers to communicate a longer, more detailed message to their audience than they can through television. Given new production techniques, advertisements can be printed in newspapers in about 48 hours, meaning newspapers are also a quick way of getting the massage out. Newspapers are often the most important form of news for a local community, and they develop a high degree of loyalty from local reader.

With the increase in the number of TV channels, _____.

A. the cost of TV advertising has decreased

B. the nuiflber of TV viewers has increased

C. advertisers' interest in other media has decreased

D. the number of TV ads people can see has increased

【答案】D

【解析】Television 的內容出現在第二段及第三段。在本段中 TV channels 或者 channel 這個詞多次出現給考生帶來了不小的挑戰。顯然在有限的答題時間內，要通讀全段是不現實的。在這裡也再次提醒讀者注意，在應試過程中通讀原文是萬萬不可採用的方法，很明顯這樣做也是違背了命題的初衷。比較快捷的方法是找到該段中所有出現 channel 的句子，逐個與題目要求做比較，從而快速判斷。一個個比較下來之後發現，在 second 這個詞後面的句子是最符合題意的。「there is an increase in the number of television channels available to viewers, and thus, advertisers」——電視頻道的增加意味著觀眾能看到的廣告數量增加了。這樣不難看出 D 為正確答案。

細心的讀者可能已經發現了，無論是 skimming 還是 scanning，都有可能牽涉到一個結合題幹事先判斷有效句的問題。而且一旦題目深入到這個層次也就無一例外的成為了該年度考試中的難題。不過這種判斷過程實際也是有規律可循的——重點考察句子的前半部份，特別是狀語部份。

以下就是其中一例，為省時起見，只選出當中幾個跟題目相關段落跟大家討論：

"Excessive Internet use should be defined not by the number of hours spent online but "in terms of losses," said Maressa Orzack, a Harvard University professor. "If it's a loss [where] you're not getting to work, and family relationships are breaking down as a result, then it's too much."

Since the early 1990s, several clinics have been established in the U.S. to treat heavy Internet users. They include the Center for Internet Addiction Recovery and the Center for Internet Behavior.

The website for Orzack's center lists the following among the psychological symptoms of computer addiction:

…

Physical symptoms listed include dry eyes, backaches, skipping meals, poor personal hygiene and sleep disturbances.

People who struggle with excessive Internet use maybe depressed or have other mood disorders, Orzack said. When she discusses Internet habits with her patients, they often report that being online offers a "sense of belonging, and escape, excitement [and] fun," she said. "Some people say relief…because they find themselves so relaxed."

According to Orzack, people who struggle with heavy reliance on the Internet may feel：

A. discouraged

B. pressured

C. depressed

D. puzzled

【答案】C

【解析】這道題目的關鍵詞是人名 Orzack，對應的段落比較多。不少考生看到這裡就覺得無所適從，不知從何讀起，更不知道從何處尋覓答案。

首先要記住題目要求——與網絡依賴想抗爭的人會有什麼心理反應。循著這個線索逐一比較這幾個段落。首先排除第一段，因為它的開始部份講的是過度沉迷互聯網——excessive Internet use；第二段起始部份是時間狀語——since the early 1990s，這個也不是題目所涉及的內容／同理排除第三段和第四段。一直到第四段第一句終於出現了與題幹幾乎完全重合的部份，由此判斷答案必然在該句出現。果然，答案就是「People who struggle with excessive Internet use maybe depressed」——與網絡沉迷抗爭的人可能會感覺情緒低落，所以該題答案選擇 C。

綜上所述，考生們只要牢牢掌握好跳讀與略讀兩個基本方法，再勤加訓練就一定能在快速閱讀部份拿到理想的分數！

四、閱讀習慣（Reading Habit）

高度集中自己的注意力，從客觀上克服各種無意中形成或由來已久的壞習慣，如搖頭晃腦，抖動雙腿，玩弄紙筆，念念有詞等。這些小動作也會分散注意力、影響思考，降低閱讀速度。

2. 培養快速閱讀的技巧

1. 視幅要寬

意思是每一眼看的詞要盡量的多。我們閱讀表面是用眼睛看，實際是用腦子讀，眼睛只是起了照相機鏡頭的作用。努力使自己的眼睛變成「廣角鏡」，把盡可能多的詞能一眼「盡收眼底」。

2. 視時要短

意思是第一眼和第二眼之間停頓的間隙要盡量短。我們閱讀時，若視幅相同，誰的停頓時間短，誰就能讀得快。

3. 意群要長

即在每個視幅中不是讓你把很多的單詞都收進腦子，而是要善於從中攝取有意義的詞組，這個有意義的詞組就是意群。極慢的讀者是一個字一個字地讀，視幅就很窄，句子中間的停頓就多，而頻繁的停頓必然妨礙正常的理解。快速閱讀者是半句或一句句地讀。視幅大大加寬，停頓的間隙少而短，獲取的都是有意義的詞組，因而理解全句或全段就能做到水到渠成。

4. 利用上下文猜生字

充分利用上下文給出的線索，有些生詞的意思是可以猜出來的。下面介紹一些基本方法：

a. 利用定義的線索

在生詞出現的上文或下文，有時能找到對它所下的定義或解釋，由此可判斷其定義。

b. 利用同義的線索

一個生字出現的上下文中有時會出現與之同義或近義的詞，它往往揭示或解釋了生詞的詞義。

c. 利用反義的線索

在某一生字的前面或後面有時會出現它的反義詞或常用來對比的詞語，由它可以推測生詞詞義。

d. 利用常識猜測詞義

有時一句話中盡管有生詞，但我們可以利用已有的知識去判斷生詞的意思。

e. 利用等式或符號猜測生詞

一段話後面有時會給出一些等式或符號，如前面的話中有生詞，由後面的等式或符號可疑猜出生詞的詞義。

總之，利用多種方法猜測生詞詞義，有助於提高閱讀速度和學習興趣，是英語學習者應當掌握的好方法。

3. 清除閱讀過程中的障礙

在閱讀過程中，我們要有意識地克服行為上某些不良的閱讀習慣，例如：

1. 出聲讀。因為眼睛的移動速度比舌頭動作快。出聲讀不但影響速度，而且會分散一部份精力去注意自己的發音。

2. 逐字讀。許多常見詞，如功能詞，不需停頓單獨理解。

3. 默讀。雖然沒有大聲讀出來，但在腦中一字字讀，也會影響速度，分散精力。

4. 指讀。以手指逐個指著讀，有礙理解和速度。除非手指飛速移動，引導眼睛快看。

5. 回讀。眼睛迴向移動，尋找先前讀過的信息，而不是繼續讀下去以獲取完整的概念。

英文語言理解練習題 Q1-65

Question 1-3

Tristan da Cunha, a 38-square-mile island, is the farthest inhabited island in the world, according to the Guinness Book of Records. It is 1,510 miles southwest of its nearest neighbor, St. Helena, and 1,950 miles west of Africa. Discovered by the Portuguese admiral of the same name in 1506, and settled in 1810, the island belongs to Great Britain and has a population of a few hundred.

Coming in a close second -- and often wrongly mentioned as the most distant land---is Easter Island, which lies 1,260 miles east of its nearest neighbor, Pitcairn Island, and 2,300 miles west of South America.

The mountainous 64-square-mile island was settled around the 5th century, supposedly by people who were lost at sea. They had no connection with the outside world for more than a thousand years, giving them plenty of time to build more than 1,000 huge stone figures, called moai, for which the island is most famous.

On Easter Sunday, 1722, however, settlers from Holland moved in and gave the island its name. Today, 2,000 people live on the Chilean territory. They share one street, a small airport, and a few hours of television per day.

Q1. It can be learned from the text that the island of Tristan da Cunha

A. was named after its discoverer

B. got its name from Holland settlers

C. was named by the British government

D. got its name from the Guinness Book of Records

Q2. Which of the following is most famous for moai?

A. Tristan da Cunha

B. Pitcairn Island

C. Easter Island

D. St. Helena

Q3. Which country does Easter Island belong to?

A. Britain   B. Holland

C. PortugalD. Chile

Question 4-7

Reading to dogs is an unusual way to help children improve their literacy skills. With their shining brown eyes, wagging tails, and unconditional love, dogs can provide the nonjudgmental listeners needed for a beginning reader to gain confidence, according to Intermountain Therapy Animals (ITA) in Salt Lake City. The group says it is the first program in the country to use dogs to help develop literacy in children, with the introduction of Reading Education Assistance Dogs (READ).

The Salt Lake City Public Library is sold on the idea. "Literacy specialists admit that children who read below the level of their fellow pupils are often afraid of reading aloud in a group, often have lower self-respect, and regard reading as a headache," said Lisa Myron, manager of the children's department.

Last November the two groups started "Dog Day Afternoon" in the children's department of the main library. About 25 children attended each of the four Saturday-afternoon classes, reading for half an hour. Those who attended three of the four classes received a "pawgraphed" book at the last class.

The program was so successful that the library plans to repeat it in April, according to Dana Thumpowsky, public relations manager.

Q4. What is mainly discussed in the text?
A. Children's reading difficulties
B. Advantages of raising dogs
C. Service in a public library
D. A special reading program

Q5. Specialists use dogs to listen to children reading because they think:
A. dogs are young children's best friends
B. children can play with dogs while reading
C. dogs can provide encouragement for shy children
D. children and dogs understand each other

Q6. By saying "The Salt Lake City Public Library is sold on the idea," the writer means the library:
A. uses dogs to attract children
B. accepts the idea put forward by ITA
C. has opened a children's department
D. has decided to train some dogs

Q7. A "pawgraphed" book is most probably:
A. a book used in Saturday classes
B. a book written by the children
C. a prize for the children
D. a gift from parents

Question 8-11

Organic fruit, delivered fight to the doorstep. That is what Gabriel Gold prefers, and he is willing to pay for it. If this is not possible, the 26-year-old computer technician will spend the extra money at the supermarket to buy organic food.

"Organic produce is always better," Gold said. "The food is free of pesticides, and you are generally supporting family farms instead of large farms. And more often than not it is locally grown and seasonal, so it is more tasty." Gold is one of a growing number of shoppers buying into the organic trend, and supermarkets across Britain are counting on more like him as they grow their organic food business. But how many shoppers really know what they are getting, and why are they willing to pay a higher price for organic produce? Market research shows that Gold and others who buy organic food can generally give clear reasons for their preferences—but their knowledge of organic food is far from complete. For example, small amounts of pesticides can be used on organic products. And about three quarters of organic food in Britain is not local but imported to meet growing demand. "The demand for organic food is increasing by about one third every year, so it is a very fast-growing market," said Sue Flock, a specialist in this line of business.

Q8. More and more people in Britain are buying organic food because:
A. they are getting richer
B. they can get the food anywhere
C. they consider the food free of pollution
D. they like home-grown fruit

Q9. Which of the following statements is true to the facts about most organic produce sold in Britain?
A. It grows indoors all year round
B. It is produced outside Britain
C. It is grown on family farms
D. It is produced on large farms

Q10. What is the meaning of "the organic trend" as the words are used in the text?
A. Growing interest in organic food
B. Better quality of organic food
C. Rising market for organic food
D. Higher prices of organic food

Q11. What is the best title for this news story?
A. Organic Food --- Healthy, or Just for the Wealthy?
B. The Making of Organic Food in Britain
C. Organic Food --- to Import or Not?
D. Good Qualities of Organic Food

Question 12-15

Last summer I went through a training program and became a literacy volunteer. The training I received, though excellent, did not tell me how it was to work with a real student, however. When I began to discover what other people's lives were like because they could not read, I realized the true importance of reading.

My first student Marie was a 44-year-old single mother of three. In the first lesson, I found out she walked two miles to the nearest supermarket twice a week because she didn't know which bus to take. When I told her I would get her a bus schedule, she told me it would not help because she

could not read it. She said she also had difficulty once she got to the supermarket because she couldn't always remember what she needed. Since she did not know words, she could not write out a shopping list. Also, she could only recognize items by sight, so if the product had a different label, she would not recognize it as the product she wanted.

As we worked together, learning how to read built Marie's self-confidence, which encouraged her to continue in her studies. She began to make rapid progress and was even able to take the bus to the supermarket. After this successful trip, she reported how self-confident she felt. At the end of the program, she began helping her youngest son, Tony, a shy first grader, with his reading. She sat with him before he went to sleep and together they would read bedtime stories. When his eyes became wide with excitement as she read, pride was written all over her face, and she began to see how her own hard work in learning to read paid off. As she described this experience, I was proud of myself as well. I found that helping Marie to build her self-confidence was more rewarding than anything I had ever done before.

As a literacy volunteer, I learned a great deal about teaching and helping others. In fact, I may have learned more from the experience than Marie did.

Q12. What did the author do last summer?
A. She worked in the supermarket.
B. She helped someone to learn to read.
C. She gave single mothers the help they needed.
D. She went to a training program to help a

literacy volunteer.

Q13. Why didn't Marie go to the supermarket by bus at first?
A. Because she liked to walk to the supermarket.
B. Because she lived far away from the bus stop.
C. Because she couldn't afford the bus ticket.
D. Because she couldn't find the right bus.

Q14. How did Marie use to find the goods she wanted in the supermarket?
A. She knew where the goods were in the supermarket.
B. She asked others to take her to the right place.
C. She managed to find the goods by their looks.
D. She remembered the names of the goods.

Q15. Which of the following statements is true about Marie?
A. Marie could do things she had not been able to do before
B. Marie was able to read stories with the help of her son.
C. Marie decided to continue her studies in school.
D. Marie paid for her own lessons.

Question 16-20

Children have their own rules in playing games. They seldom need a referee and rarely trouble to keep scores. They don't care much about who wins or loses, and it doesn't seem to worry them if the game is not finished. Yet, they like games that depend a lot on luck, so that their personal abilities cannot be directly compared. They also enjoy games that move in stages, in which each stage, the choosing of leaders, the picking-up of sides or the determining of which side shall, start is almost a game in itself.

Grown-ups can hardly find children's games exciting, and they often feel puzzled at why their kids play such simple games again and again. However, it is found that a child plays games for very important reasons. He can be a good player without having to think whether he is a popular person, and he can find himself being a useful partner to someone of whom he is ordinarily afraid. He becomes a leader when it comes to his turn. He can be confident, too, in particular games, that it is his place to give orders, to pretend to be dead, to throw a ball actually at someone, or to kiss someone he has caught.

It appears to us that when children play a game they imagine a situation under their control. Everyone knows the rules, and more importantly, everyone plays according to the rules. Those rules may be childish, but they make sure that every child has a chance to win.

Q16. What is true about children when they play games?
A. They can stop playing any time they like.
B. They can test their personal abilities.
C. They want to pick a better team.
D. They don't need rules.

Q17. To become a leader in a game the child has to:

A. play well

B. wait for his turn

C. be confident in himself

D. be popular among his playmates

Q18. What do we know about grown-ups?

A. They are not interested in games.

B. They find children's games too easy.

C. They don't need a reason to play games.

D. They don't understand children's games.

Q19. Why does a child like playing games?

A. Because he can be someone other than himself.

B. Because he can become popular among friends.

C. Because he finds he is always lucky in games.

D. Because he likes the place where he plays a game.

Q20. The writer believes that:

A. children should make better rules for their games

B. children should invite grown-ups to play with them

C. children's games can do them a lot of good

D. children play games without reason

Question 21-24

The first tape recorder didn't use tape. It used long thin wire. It was invented in 1900 by Valdermar Poulsen. In 1930, German scientists invented the tape we use today. Back then the tape was on big rolls. In 1964 the Philips company in Holland

invented the cassette. It's pretty much a holder for the tape. People use cassettes all over the world. If you don't have a cassette recorder, borrow one.

Think of a book your parents read out loud to you. That might be a great book to read out loud to your mom or dad in their car. Put a cassette in the recorder, open the book, hit the record button and start reading out loud.

Remember there is no such a thing as a wrong way to do this. You might think you've made a mistake, but this gift is part of you, and nothing about that can be a mistake. It's impossible.

You get to be all artistic and creative here. You might want to play music in the background. Do whatever you want. The gift is you, so you decide. Remember to say "I love you" at the end of your reading. That's like the prize at the end of the book.

Q21. Choose the right order that shows the development of the tape recorder.

a. Using big rolls.

b. Using cassettes.

c. Using thin wire.

A. a, b, c

B. b, c, a

C. c, a, b

D. c, b, a

Q22. Why does the author mention the history of tape recorders in Paragraph 1?

A. To inform readers of new inventions.

B. To lead into his following suggestion.

C. To give an example of his suggestion.

D. To show the importance of tape recorders

Q23. What does the author advise us to do?
A. To read a book to our parents in their car
B. To ask our parents to record a book
C. To make a gift for our parents
D. To practice reading out loud

Q24. Why does the author say it is impossible to make a mistake in Paragraph 3?
A. Because the tape shows your true love.
B. Because it's easy to use a tape recorder.
C. Because the music is what your parents like.
D. Because it's impossible to find a mistake in the book.

Question 25-28

Malls are popular places for Americans to go. Some people spend so much time at malls that they are called mall rats. Mall rats shop until they drop in the hundreds of stores under one roof.

People like malls for many reasons. They feel safe because malls have police stations or private security guards. Parking is usually free, and the weather inside is always fine. The newest malls have beautiful rest area with waterfalls and large green trees.

The largest mall in the United States is the Mall of America in Minnesota. It covers 4.2 million square feet. It has 350 stores, eight night clubs, and a seven-acre park! There are parking spaces for 12,750 cars. About 750,000 people shop every week.

The first indoor mall in the United States was built in 1965 in Edina, Minnesota.

People loved doing all their shopping in one place. More malls were built all over the country. Now, malls are like town centers where people come to do many things. They shop, of course. They also eat in food houses that have food from all over the world. They see movies at theatres. Some people even get their daily exercise by doing the new sport of mall walking. Others go to malls to meet friends.

In some malls, people can see a doctor or a dentist and even attend church. In other words, people can do just about everything in malls. Now residents can actually live in their favorite shopping center.

Q25. Malls are :
A. large shopping centers which also act as town centres
B. large parks with shops
C. the most popular places Americans go to
D. town centers

Q26. Why have malls become so popular?
A. Because people can do everything there.
B. Because people can do many other things besides shopping for all they need.
C. Because people feel safe in malls with police stations around.
D. Because people enjoy the fresh air and can have a good rest there.

Q27. Malls have to be large places because:
A. many people drive their cars to go to malls
B. there have to be some restaurants, clinics and theatres
C. many people hope to do sports in the malls
D. they have to meet different needs of so many people

Q28. Those are called mall rats.

A. who are busy stealing in the mall

B. who have visited the biggest malls

C. who are often found busy shopping in malls

D. who live under the roof of the mall

Question 29-32

Except for the sun, the moon looks the biggest object in the sky. Actually it is one of the smallest, and only looks big because it is so near to us. Its diameter is only 2160 miles (3389 km), or a little more than a quarter of the diameter of the earth.

Once a month, or, more exactly, once every 29.5 days, at the time we call "full moon", its whole disc looks bright. At other times only part of it appears bright, and we always find that this is the part which faces towards the sun, while the part facing away from the sun appears dark. People could make their pictures better if they kept this in mind — only those parts of the moon which are lighted up by the sun are brighter. This shows that the moon gives no light of its own. It only throws back the light of the sun, like a huge mirror hung in the sky.

Yet the dark part of the moon's surface is not completely black; usually it is just light enough for us to be able to see its shape, so that we speak of seeing "the old moon in the new moon's arms". The light by which we see the old moon does not come from the sun, but from the earth. We know well how the surface of the sea or of snow, or even of a wet road, may throw back uncomfortably much of the sun's light on to our faces. In the same way the surface of the whole earth throws back enough of the sun's light on to the face of the moon for us to be back to see the parts of it which would otherwise be dark.

Q29. Why is the dark part of the moon not completely black?

A. The earth throws back sunlight on to the moon.

B. The sun shines on the moon's surface.

C. The moon throws back the light from the sun.

D. The moon has light of its own.

Q30. How often do we see the moon as its brightest?

A. Once every week.

B. Once every year.

C. Once every 29.5 days.

D. Once every 27 days.

Q31. What is meant by "seeing the old moon in the new moon's arms"?

A. We can see the dark parts of the moon, though not clearly.

B. The new moon is at its brightest.

C. The dark parts of the moon are bright enough for us to see.

D. Part of the moon's surface is lighted by the sun.

Q32. Which of these is true?

A. The moon which appears round at its brightest is called full moon.

B. The moon's diameter is exactly one fourth of that of the earth.

C. The light by which we see the old moon comes from the sun.

D. The part of the moon which is not lighted by the sun is completely dark.

Question 33-36

Weather changes when the temperature and the amount of water in the atmosphere change. We can see and feel water coming from the atmosphere when we have rain. But the water must somehow get back to the atmosphere. Meteorologists call this the water cycle.

There are many stages in the water cycle. Rain falls when water vapour in clouds condenses. Drops of water form and fall to the ground. The water soaks into the ground and feeds streams and rivers. A lot of rain falls into the sea. The heat of the sun evaporates some of the water in the ground and in the rivers, lakes, and the sea. It changes the liquid water into water vapour. The vapour rises onto the air. Water vapour is normally invisible. On a very damp or humid day, however, you can sometimes see water vapour rising from a puddle or pond in a mist above the water. Water vapour also gets into the air from living things. Trees and other plants take in water through their roots and give off water vapour from their leaves. People and land animal drink water and breathe out water vapour. In all these ways the water returns to the air. There it gathers to form clouds and condenses to form rain. The rain falls to earth, and the cycle starts again. It continues even if snow or hail fall instead because both eventually melt to form water. The amount of water vapour in the air depends on the temperature. The air is more moist in the tropics than in the cold polar regions.

Q33. What is the main idea of the passage?
A. Water cycle

B. Water vapour
C. How rain forms
D. Water, vapour, rain

Q34. How many ways of the water returning to the air are discussed in the text?
A. Two   B. Three
C. Four   D. Five

Q35. Whether water vapour can be seen or not depends on :
A. how much water is evaporated
B. how good your eyes are
C. in which way water is evaporated
D. climate or weather

Q36. From the passage we get to know.
A. there is more water vapour in the air in the tropics than in cold polar regions
B. there is more water vapour in the air in cold polar region than in the tropics
C. it gets more rain in the tropics than in cold polar regions because there is less vapour
D. the amount of water vapour in the air depends on how often it rains

Question 37-39

Have you ever been afraid to talk back when you were treated unfairly? Have you ever bought something just because the salesman talked you into it? Are you afraid to ask a boy(girl)for a date?

Many people are afraid to assert themselves(insist upon their own rights. Dr Robert Alberty, author of "Stand Up, Speak Out, and Talk Back" , thinks it' s because their self-esteem is low.

"Our whole set-up makes people doubt themselves," says Alberity. "There's always a 'superior' around — a parent, a teacher, a boss — who 'knows better'. These 'superiors' gain when they destroy your self-esteem."

But Alberty and other scientists are doing something to help people to assert themselves. They offer "assertiveness training" courses(AT). In the AT courses people learn that they have a right to be themselves. They learn to speak out and feel good about doing so. They learn to be aggressive without hurting other people.

In one way, learning to speak out is to overcome fear. A group taking an AT course will help the timid person to lose his fear. But AT uses an even stronger motive--the need to share. The timid person speaks out in the group because he wants to tell how he feels. AT says you can get to feel good about yourself. And once you do, you can learn to speak out.

Q37. In the passage, the writer talks about the problem that:

A. some people are too easy-going

B. some people are too timid

C. there are too many superiors around us

D. some people dare not stick up for their own rights

Q38. The effect of our set-up on people is often to:

A. make them distrust their own judgment

B. make things more favorable for them

C. keep them from speaking out as much as their superiors do

D. help them to learn to speak up for their rights

Q39. One thing AT doesn't do is to:

A. use the need of people to share

B. show people they have the right to be themselves

C. help people to be aggressive at anytime even when others suffer

D. help people overcome fear

Question 40-43

Most dog owners feel that their dogs are their best friends. Almost everyone likes dogs because they try hard to please their owners. One of my favorite stories is about a dog who wanted his owner to please him. One of my friends has a large German shepherd named Jack. Every Sunday afternoon, my friend takes Jack for a walk in the park. Jack likes these long walks very much.

One Sunday afternoon, a young man came to visit my friend. He stayed a long time, and he talked and talked. Soon it was time for my friend to take Jack for his walk, but the visitor didn't leave. Jack became very worried about his walk in the park. He walked around the room several times and then sat down directly in front of the visitor and looked at him. But the visitor paid no attention. He continued talking. Finally, Jack couldn't stand it any longer. He went out of the room and came back a few minutes later. He sat down again in front of the visitor, but this time he held the man's hat in his mouth.

German shepherds aren't the only intelligent dogs. Another intelligent dog is a Seeing Eye dog. This is a special dog which helps blind people walk along the streets and do many other things. We call these dogs Seeing Eye dogs because they are the "eye" of the blind people and they help them to "see". Seeing Eye dogs generally go to special schools for several years to learn to help blind people.

Q40. The writer tells the story about the dog Jack to show that:
A. it, like many other dogs, always tried to please its owner master
B. it, unlike many other dogs, always wanted its master to please it
C. it was more intelligent than many other dogs
D. it was the most faithful dog of his friend's

Q41. Jack came to sit in front of the visitor in order to:
A. please him
B. be pleased
C. ask him to leave immediately
D. invite him for a walk

Q42. The sentence "Finally, Jack couldn't stand it any longer" means:
A. Jack could no longer put up with the visitor
B. Jack could no longer stand but he might sit down
C. Jack was very tired and wanted a rest
D. Jack was very angry with the visitor

Q43. Which of the following titles would be the best for the passage?
A. Dogs---A Great Help to People
B. Dogs---Our Faithful Companions
C. An Introduction to Dogs
D. Famous Dogs in Germany

Question 44-47

Paris is the capital of the European nation of France. It is also one of the most beautiful and most famous cities in the world.

Paris is called the City of Light. It is also an international fashion center. What modern women are wearing in Paris will soon be worn by many women in other parts of the world. Paris is also a famous world centre of education. For instance, the headquarters of UNESCO, the United Nations Educational, Scientific, and Cultural Organization, is in Paris.

The Seine River divides the city into two parts. Thirty-two bridges cross this scenic river. The oldest and perhaps most well-known is the Pont Neuf, which was built in the sixteenth century. The Sorbonne, a famous university, is located on the Left Bank (south side) of the river. The beautiful white church Sacre Coeur lies on top of the hill called Montmartre on the Right Bank (north bank) of the Seine.

There are many other famous places in Paris, such as the famous museum the Louvre as well as the cathedral of Notre Dame. However, the most famous landmark in this city must be the Eiffel Tower.

Paris is named after a group of people called the Parisii. They built a small village on an island in the middle of the Seine River about two thousand years ago. This island, called the Ile de la Cite, is where Notre Dame is located. Today around eight million people live in the Paris area.

Q44. A good title for this passage is :
A. The French Language
B. The City of Paris
C. Education and Culture in France
D. The Eiffel Tower, the Symbol of Paris

Q45. The underlined word "headquarters" means:
A. buildings
B. research center
C. leading body
D. chief office

Q46. According to the passage we can infer that Notre Dame is located:
A. on the Left Bank
B. on neither bank
C. on the Right Bank
D. on both banks

Q47. The Pont Neuf was built:
A. in the 1500s
B. in the 1600s
C. in the 1700s
D. around the 1600s

Question 48-51

Parents whose children show a special interest in a particular sport feel very difficult to make a decision about their children's careers. Should they allow their children to train to become top sports men and women? For many children it means starting school work very young, and going out with friends and other interests have to take a second place. It's very difficult to explain to a young child why he or she has to train five hours a day, even at the weekend, when most of his or her friends are playing.

Another problem is of course money. In many countries money for training is available from government for the very best young sportsmen and women. If this help can not be given, in means that it is the parents who have to find the time and the money to support their child's development—and sports clothes, transport to competitions, special equipment, etc. can all be very expensive.

Many parents are worried that it is dangerous to start serious training in a sport at an early age. Some doctors agree that young muscles may be damaged by training before they are properly developed. Professional trainers, however, believe that it is only by training young that you can reach the top as a successful sports person. It is clear that very few people do reach the top, and both parents and children should be prepared for failure even after many years of training.

Q48. This article is most probably taken from:
A. a letter
B. an advertisement
C. a personal diary
D. a newspaper article

Q49. According to the passage, parents whose children show a special interest in sport:
A. feel uncertain if they should let their children train to be sports men or women training
B. try to get financial support from the government for their children's training
C. have to get medical advice from doctors about training methods

D. prefer their children to be trained as young as possible

Q50. Which of the following statements is NOT true?
A. By starting young, you won't have much time for your school work.
B. Early training may damage your muscles.
C. Most children may become professional sports men after a long period of training.
D. It's very expensive for parents to support their child's development in sports.

Q51. The phrase "to take a second place" means:
A. to repeat the activities some other day
B. to become less important
C. all things considered, they are of inferior quality
D. to happen again

Question 52-55

Today, air travel is far safer than driving a car on a busy motor-way. But still there is a danger that grows every year. Airliners get larger and larger. Some airplanes can carry over 300 passengers. And the air itself becomes more and more crowded. If one large airliner struck into another in midair, 600 lives could be lost.

From the moment an airliner takes off to the moment it lands, every movement is watched on radar screens. Air traffic controllers tell the pilot exactly when to turn, when to climb, and when to come down. The air traffic controllers around a busy airport like London-Heathrow may deal with 2,500 planes a day. Not all of them actually land at the airport. Any plane that flies near the airport comes under the orders of the controllers there. Even a small mistake on their part could cause a terrible accident. Recently such a disaster almost happened. Two large jets were flying towards the airport. One was carrying 69 passengers from Toronto, the other 176 passengers from Chicago. An air traffic controller noticed on his radar screen that the two planes were too close to each other. He ordered one to turn to the right and to climb. But he made a mistake. He ordered the wrong plane to do this. So, instead of turning away from the second plane, the first plane turned towards it. Fifteen seconds later it flew directly in front of the second plane. They avoided each other by the smallest part of a second. The distance between them was less than that of a large swimming pool. This is an example of the danger that grows every year.

Q52. Which of the following is true according to the passage?
A. Traveling by air is as safe as by car.
B. Traveling by air is not as safe as by car.
C. Traveling by car is as dangerous as by air.
D. Traveling by car is more dangerous than by air.

Q53. The air traffic controllers of an airport:
A. control all the planes flying near the airport
B. give orders to planes leaving the airport
C. only deal with the planes that want to land there
D. are allowed to handle 250 planes a day

Q54. The danger of air crashes grows every year because:

A. airliners are getting larger and air traffic is becoming heavier

B. a pilot does not always hear a controller's order

C. a controller is likely to make more and more mistakes

D. airports can hardly serve the growing number of airplanes

Q55. The example in the passage is to show that:

A. air traffic controllers are often careless

B. air traffic controllers should pay much attention to avoiding accidents

C. it is difficult for airplanes to avoid terrible accidents

D. two planes should not fly too close to each other

Question 56-58

In recent years many countries of the world have been faced with the problem of how to make their workers more productive. Some experts believe that the answer is to make jobs more varied. But do more varied jobs lead to greater productivity? There is something to suggest that while variety certainly makes the worker's life more enjoyable, it does not actually make him work harder. So variety is not important. Other experts feel that giving the worker freedom to do his job in his own way is important and there is no doubt that this is true. The problem is that this kind of freedom cannot easily be given in the modern factory with its complicated machinery which must be used in a fixed way. Thus while freedom of choice may be important, there is usually very little that

can be done to make it. Another important consideration is how much each worker contributes to the product he is making. In most factories the worker sees only one small part of the product. Some car factories are said to be experimenting with having many small production lines rather than a large one, so that each worker contributes more to the production of the cars on his line. It would seem that not only is degree of work contribution important, therefore.

To what extent on earth, however, does more money lead to greater productivity? The workers themselves certainly think this important. But perhaps they want more money only because the work they do is so boring. Money just lets them enjoy their spare time more. A similar argument may explain demands for shorter working hours. Perhaps if we succeed in making their jobs more interesting, they will neither want more money, nor will shorter working hours be so important to them.

Q56. The last sentence in this passage means that if we succeed in making workers' jobs more interesting:

A. they will want more money

B. they will demand shorter working hours.

C. more money and shorter working hours are important

D. more money and shorter working hours will not be so important to them

Q57. In this passage, the writer tells us:

A. why to make the workers more productive

B. possible factors leading to greater productivity

C. to what extent more money leads to greater productivity

D. how to make workers' jobs more interesting

Q58. The writer of this passage is probably:

A. a teacher

B. a worker

C. a manager

D. a physicist

Question 59-62

On July 16, 1960, Jane Goodall, a 26-year-old former secretary from England, began to study the behavior of chimpanzees in the wild. Until that time, scientists had mostly observed and studied chimpanzees in laboratories and zoos. Few scientists had gone to study chimpanzees in the remote areas of Africa where the chimps live. When scientists had studied the chimpanzees in the wild, they hadn't spent long periods of time observing them. Jane Goodall planned to watch chimpanzees in Africa over a ten-year period and see exactly how they behaved. She was not a professional scientist when she started out. Her book, In the Shadow of Man, tells how she began her project and what she discovered.

As Goodall said in 1973, "I had no qualifications at all. I was just somebody with a love of animals." Her love of animals drew her to Africa, where she met Dr. Louis S. B. Leakey. Leakey was a world-famous scientist who was studying how prehistoric people lived. Since chimpanzees are humans' closest living relatives, Leakey thought prehistoric people might have lived in the same ways that chimpanzees live today. Leakey told Goodall that studying chimpanzees might give clues about the way that early people lived.

Leakey asked Goodall to study the chimpanzees on the shores of Lake Tanganyike in Africa. The chimpanzees were very shy and the country was very difficult to travel through. Goodall took on the difficult job of finding and watching the chimpanzees.

Q59. It is clear from the text that Jane Goodall decided to study chimpanzees:

A. because she was working in a laboratory

B. when she was doing research for a book

C. because of her scientific work in England

D. after she met Dr. Leakey in Africa

Q60. According to the text, Dr. Leakey was a scientist who:

A. worked at Lake Tanganyika

B. studied how prehistoric people lived

C. researched the behaviour of animals in zoos

D. taught people to identify different species of chimpanzees

Q61. Dr. Leakey thought that studying chimpanzees would help his work because chimpanzees:

A. are easy to locate in the wild

B. are closely related to humans

C. enjoy interaction with humans

D. have predictable behaviour patterns

Q62. According to the information, finding chimpanzees in Africa would be a difficult task for Jane because:

A. the country was rugged and the animals were timid(easily frightened)

B. the chimpanzees may not remain in the area for ten years

C. Jane would have to identify areas where prehistoric people had lived

D. Dr. Leakey was not aware of the conditions in which the chimpanzees lived

Question 63-65

It would be pleasant to believe that all young girls in the past got married for romantic reasons; but the fact is that many of them regarded marriage as their only chance to gain independence from their parents, to have a provider, or to be assured of a good place in society. A couple of generations ago, and old maid of twenty-five did not have much to look forward to, she was more or less fated to remain with her parents or to live in some relative's home where she would help with the chores and the children. Not so any more. In the first place, women remain young much longer than they used to, and an unmarried woman of twenty-eight or thirty does not feel that her life is over. Besides, since she is probably working and supporting herself, she is free to marry only when and if she chooses. As a result, today's women tend to marry later in life. They have fewer children---or none at all---if they prefer to devote themselves to their profession. The result is decline in the birthrate.

The new role that women have developed for themselves has changed family life. Children are raised differently; they spend more time with adults who are not their parents: baby sitters, day-care center personnel, relatives, or neighbors. Whether they gain or lose in the process is a hotly debated question. Some child experts believe that young children must spend all their time with their mother if they are to grow sound

in body and mind. Others think that children get more from a mother who spends with them "quality time" (a time of fun and relaxation set aside for them) rather than hours of forced and unhappy baby sitting. And many child psychologists point out that children kept in day-care centers every day are brighter than those raised at home. No matter what it is, one thing about child raising to be certain of is that the longer the child is with the mother, the better.

Q63. It can be concluded from the passage that:

A. women today have developed a new role in family life

B. the birthrate is declining as a result of women's pursuit of careers

C. women have always been dependent on their parents even after marriage

D. children must spend all their time with their mother if they are to grow sound

Q64. The change in women's attitude towards marriage results in all of the following EXCEPT:

A. more and more women quit (leave) jobs to take care of their children at hom

B. women today tend to marry later than they did

C. women have less time to raise children

D. more and more families remain childless

Q65. People have different opinions over the question as to:

A. how children should be raised

B. where children should be raised

C. whether children should stay with their parents

D. how long children should stay with their parents

【答案及解析】

Q1. A
這是一道事實細節題。文章第一段首句敘述了 38 平方英里的 Tristan da Cunha 島，是世界上最遠的有人類居住的島嶼。我們再從該段中所提供的訊息「Discovered by the Portuguese admiral of the same name in 1506」得知，該島是於 1506 年依照發現者葡萄牙海軍上將的名字命名的。故答案為 A。

Q2. C
這是一道事實詢問題。從文章第三段敘述的「giving them plenty of time to build more than 1,000 huge stone figures, called moai, for which the island is most famous」可以看出，Easter Island 是以島上居民建造的一千多個被叫作 moai 的巨大石像而著名，故答案為 C。

Q3. D
這是一道推理判斷題，該題問 Easter Island 是屬於哪一個國家。四個選項的國家分別為英國、荷蘭、葡萄牙、智利。我們從短文最後一段中敘述的「Today, 2,000 people live on the Chilean territory」可以推斷出，Easter Island 屬於智利領土，D 是正確選項。

Q4. D
這是一道主旨大意題。短文首句「Reading to dogs is an unusual way to help children improve their literacy skills」是文章的主題句。文中敘述了美國鹽湖城的 ITA 組織認為，由於狗具有閃亮的棕色眼睛、搖擺的尾巴及無條件的愛，它為兒童獲取自信心提供了「必要的聽眾」。利用對狗閱讀來幫助兒童提高讀寫能力是一種獨特的教育方法，故最佳選項為 D。

Q5. C
這是一道綜合分析判斷題。解答此題需要綜合文中所提供的兩處信息。一處是文章第二段中鹽湖城圖書館兒童部的管理人員說「讀寫能力專家認為，閱讀能力低於其他同學水平的兒童常常害怕在其他人面前高聲朗讀，他們缺乏自尊心，並把閱讀看作是一件頭疼的事情」。另一處是文章第一段中鹽湖城的 ITA 組織所提出的狗能以自己的特性為兒童提供所需的聽眾。綜合這兩處信息就可以判斷出，專家們用狗來聽兒童朗讀，其原因是他們認為狗能為對朗讀產生羞怯感的兒童提供鼓勵，故 C 是最佳選項。

Q6. B
這是一道句意理解題。根據文中鹽湖城圖書館兒童部的管理人員所說的、讀寫能力專家承認的事實——閱讀能力低的兒童往往懼怕在別人面前大聲朗讀，他們缺乏自尊心，對閱讀感到頭疼，和他們在圖書館的兒童部舉辦「Dog Day Afternoon」活動，用對著狗閱讀的方法來激勵兒童朗讀可以看出，作者所說的「The Salt Lake City Pubic Library is sold on the idea」的意思是這家圖書館接受了 ITA 組織提出的構想，故最佳選項為 B。

Q7. C
這是一道推理判斷題。短文第三段敘述了去年 11 月份，在鹽湖城圖書館的兒童部有兩組兒童開始「Dog Day Afternoon」活動，那些上了四堂課中的三堂課的學生，在最後會得到一本「pawgraphed」書。由此可以推斷出，「a pawgraphed book」是一個鼓勵兒童閱讀的獎品，故答案為 C。

Q8. C
這是一道推理判斷題。由短文第二段

Gold 所 説 的 話「The food is free of pesticides」可以判斷出 C 項正確，因為不用農藥就表示無污染。

Q9. B

這是一道事實詢問題。該題詢問四個選項中哪種説法符合關於英國銷售的大部份有機產品的事實。根據短文第二段中「And about three quarters of organic food in Britain is not local but imported to meet growing demand」可知，四分之三的 organic food 都是進口的，即 most organic，答案選 B。

Q10. A

該題考查對詞組意義的正確理解。這句話前半部中「a growing number of shoppers buying」告訴我們，越來越多的人想買 organic food，而 trend 的意思是「趨勢」。那麼 organic trend 表達的意思是「購買有機食品的人越來越多的趨勢」，故答案選 A。

Q11. A

這是一道主旨大意題。短文講述了人們認為 organic food 對身體健康有益，所以購買的人越來越多，這就在英國形成了一個很大的市場。四個選項中只有 A 項既有健康又有經濟，為最佳選擇。

Q12. B

本題是細節理解題。從短文第一句「Last summer I went through a training program and became a literacy volunteer」我們可以得此答案。C 有較大干擾性，從後文我們得知，「我」只是幫助她識字，而沒有幫助她做其他的事情，因此 C 不合題意。

Q13. D

細節理解題。從「she walked two miles to the nearest supermarket twice a week because she didn't know which bus to take. When I told her I would get her a bus schedule, she told me it would not help because she could not read it」，我們可以看出，她因為不識字，不知道坐哪路車。

Q14. C

細節題。從「Also, she could only recognize items by sight, so if the product had a different label, she would not recognize it as the product she wanted」我們可以看出，過去她是靠商品的外標識找到自己要買的商品的。

Q15. A

事實辨認題。A 是對她現在的總結，Marie 不僅做到了過去所不能做的事情，而且找到了自信。B 有較大干擾性，從「She sat with him before he went to sleep and together they would read bedtime stories」我們知道，是他們一起讀故事書，而不是在她兒子的幫助下讀書。

Q16. A

細節題。從「and it doesn't seem to worry them if the game is not finished」我們可以看到，孩子們玩遊戲時，隨時都可以結束。D 有較大干擾性，從最後一段「Everyone knows the rules, and more importantly, everyone plays according to the rules」我們知道 D 是錯誤的。

Q17. B

細節題。從「He becomes a leader when it comes to his turn」可以得此答案。C 有一定干擾性，通過短文我們知道，孩子們通過做一系列活動才獲得自信，而並非有自信的才可以做 leader。

Q18. B
細節題。從「Grown-ups can hardly find children's games exciting, and they often feel puzzled at why their kids play such simple games again and again」，我們可以得此答案。在此 simple 等同於 easy。

Q19. A
細節題。從「He can be a good player… , he can find himself being a useful partner , He becomes a leader when it comes to his turn…」我們可以看到，孩子們做遊戲時看重的是自己在遊戲中的角色。B 有較大干擾性，從「without having to think whether he is a popular person」，我們可以得出 B 不正確。

Q20. C
作者意圖推斷題。從「He can be confident, too」以及「they make sure that every child has a chance to win」我們可以看出，這些遊戲帶給孩子們自信與希望。

Q21. C
事件排序題。從短文第一、二句，我們知道 C 排在第一位，因此排除 A、B，從 Back then (in 1930) the tape was on big rolls 得知 A 排在第二位，因此得出 C 答案。

Q22. B
用磁帶錄下我們讀書的聲音送給父母。是作者要給我們提的建議。作者首先提出錄音機非常完善，建議我們用它作為向我們的父母表達愛的手段。

Q23. C
總結概括題。將我們所讀的書錄成磁帶，並在磁帶最後加上「I love you」是我們送給父母的最好禮物，其他答案不合題意。

Q24. A
推理判斷題。從「but this gift is part of you, and nothing about that can be a mistake」我們可以得知，因為為父母讀書體現了你對他們的愛，因此沒有錯誤而言。

Q25. A
細節題。從文章的前部份我們知道，malls 是購物中心，從文章中我們同樣看到「Now, malls are like town centers where people come to do many things」，因此 A 為最佳選項。

Q26. B
主旨大意題。從最後兩段我們可以得此答案。

Q27. D
細節理解題。從文章中我們可以看出，在 malls，人們不僅僅購物，還要看電影、做禮拜、看醫生、吃飯等。

Q28. C
細節題。從「Some people spend so much time at malls that they are called mall rats」得此答案。

Q29. A
細節理解題。從最後一段，尤其從「In the same way the surface of the whole earth throws back enough of the sun's light on to the face of the moon for us to be back to see the parts of it which would otherwise be dark」得此答案。

Q30. C
細節題。從「Once a month, or, more exactly, once every 29.5 days, at the time we call full moon, its whole disc looks bright」得此答案。

Q31. A
詞義理解題。從「Yet the dark part of the moon's surface is not completely black; usually it is just light enough for us to be able to see its shape, so that we speak of seeing the old moon in the new moon's arms」得此答案。

Q32. A
細節題。從「at the time we call full moon, its whole disc looks bright」得此答案。

Q33. A
主旨大意題。全文講述的是水循環，因此 A 為最佳答案。

Q34. B
包括江河等水被太陽蒸發、樹木通過樹葉蒸發、人通過呼吸將水汽傳出

Q35. D
推理判斷題。從「On a very damp or humid day, however, you can sometimes see water vapour rising from a puddle or pond in a mist above the water」得此答案。

Q36. A
推理題。是熱量將水蒸發，因此可以推知 A 為正確選項。

Q37. D
細節題。從第一段得此答案。

Q38. A
細節理解題。從「Our whole set-up makes people doubt themselves」得此答案。

Q39. C
細節理解題。從「They learn to be aggressive without hurting other people」得此答案。

Q40. B
細節題。從第一段最後一句「One of my favorite stories is about a dog who wanted his owner to please him」得此答案。

Q41. C
推理題。從文中「He sat down again in front of the visitor, but this time he held the man's hat in his mouth」我們可以推知，狗給他拿來帽子，是想催他走。

Q42. A
句意理解題。在這裡 stand 和 put up with 都是「忍受；忍耐」的意思。

Q43. B
A、C 均具有較大干擾性。從講的故事看，狗僅僅是與人為伴，並不能說對人類有巨大幫助；C 的題目太大而廣，不能說明本文的中心。

Q44. B
主旨大意題。全文講述了巴黎這個文化、商業大都市。

Q45. D
詞義理解題。聯繫後面的名字，可以看出這是辦公的地方。

Q46. B
推理判斷題。從「The Sorbonne, a famous university, is located on the Left Bank (south side) of the river. The beautiful white church Sacre Coeur lies on top of the hill called Montmartre on the Right Bank (north bank) of the Seine」可以判斷出 Notre Dame 不在河岸。

Q47. A
細節題。從「The oldest and perhaps most well-known is the Pont Neuf, which was built in the sixteenth century」得此答案。

Q48. D
推理判斷題。在所給的四個答案中 D 是最有可能登這一類的文章的。

Q49. A
細節題。從第一段的第一、二句得此答案。

Q50. C
細節題。從最後一句「It is clear that very few people do reach the top, and both parents and children should be prepared for failure even after many years of training」得此答案。

Q51. B
詞義理解題。從文中我們知道，對特殊體育有興趣的孩子來說，很小就要進行訓練，甚至包括周末，因此跟同伴一起出去玩，或者別的興趣就不重要了。

Q52. D
細節題。從第一段第一句「Today, air travel is far safer than driving a car on a busy motor-way」得此答案。

Q53. A
細節題。從第二段「Any plane that flies near the airport comes under the orders of the controllers there」得此答案。

Q54. A
細節題。從「Airliners get larger and larger. Some airplanes can carry over 300 passengers. And the air itself becomes more and more crowded」得此答案。

Q55. B
推理判斷題。從最後一段所舉的例子可以看到這一點。

Q56. D
句意理解題。最後一句的意思是「我們能夠讓工人的工作更有趣的話，他們就不會要求更多的錢，更少的工作時間了。」

Q57. B
本題為主旨大意題。作者全文敘述了人們所提出的提高工人工作效率的幾種方法，並就此進行討論，因此 B 為最佳答案。

Q58. C
推理判斷題。全文講述的是工人的工作效率問題，因此排除 A；全文在講述工人時多次用到 they, them, themselves，因此排除 B；從短文最後一句「Perhaps if we succeed in making their job more interesting...」看，we 在這裡指工廠的老闆們，因此 C 為最佳答案。

Q59. D
推理題。從第二段我們可以得知，Goodall 遇到 Dr. Leadkey 的時候他告訴了她許多有關猩猩的事情，這引起了她的興趣。

Q60. B
細節題。從第二段 Leakey was a world-famous scientist who was studying how prehistoric people lived 得此答案。

Q61. B
細節題。從「Since chimpanzees are humans' closest living relatives」得此答案。

Q62. A
細節理解題。從短文的最後兩句可得此答案。

Q63. A
細節題。從第二段首句「The new role that women have developed for themselves has changed family life」得此答案。

Q64. D
細節題。從第二段 Children are raised differently，我們得知，現代婦女不是不要孩子，而是帶孩子的方式不同。

Q65. C
細節題。從 Whether they gain or lose in the process is a hotly debated question 及下文可得此答案。

PART 3

數字推理

1. 數字推理的 7 類 20 種形式

數字推理是由題幹和選項兩部份組成，題幹是一個有某種規律的數列，但其中缺少一項，要求考生仔細觀察這個數列內各個數字之間的關係，找出其中的規律，然後從四個供選擇的答案中選出你認為最合適、最合理的一個，使之符合數列的排列規律。

數字推理不同於其他形式的推理，題目中全部是數字，沒有文字可供應試者理解題意，真實地考查了應試者的抽象思維能力。

想輕鬆做好數字推理題目的話，就先要理解其 7 個類別，而 7 類類別又衍生出 20 種形式：

一、等差數列

指相鄰之間的差值相等，整個數字序列依次遞增或遞減的一組數。

1. 等差數列的常規公式

【例題】

1, 3, 5, 7, 9, ( )

A. 7　　　　　　B. 8　　　　　　C. 11　　　　　　D. 13

【答案】 C

【解析】 這是一種很簡單的排列方式：其特徵是相鄰兩個數字之間的差是一個常數。從該題中我們很容易發現相鄰兩個數字的差均為 2，所以括號內的數字應為 11。故選 C。

2. 二級等差數列

指等差數列的變式，相鄰兩項之差之間有著明顯的規律性，往往構成等差數列。

【例題】

2, 5, 10, 17, 26, ( ), 50

A. 35　　　　　B. 33　　　　　C. 37　　　　　D. 36

【答案】C

【解析】括號前的相鄰兩位數之差分別為 3, 5, 7, 9，是一個差值為 2 的等差數列，所以括號內的數與 26 的差值應為 11，即括號內的數為 26+11=37，故選 C。

3. 分子分母的等差數列

指一組分數中，分子或分母、分子和分母分別呈現等差數列的規律性。

【例題】

2/3, 3/4, 4/5, 5/6, 6/7, ( )

A. 8/9　　　　　B. 9/10　　　　　C. 9/11　　　　　D. 7/8

【答案】D

【解析】數列分母依次為 3，4，5，6，7；分子依次為 2，3，4，5，6，故括號應為 7/8。故選 D。

二、等比數列

指相鄰數列之間的比值相等，整個數字序列依次遞增或遞減的一組數。

4. 等比數列的常規公式

【例題】

12, 4, 4/3, 4/9, ( )

A. 2/9　　　　　B. 1/9　　　　　C. 1/27　　　　　D. 4/27

【答案】D

【解析】很明顯，這是一個典型的等比數列，公比為 1/3。故選 D。

5. 二級等比數列

指等比數列的變式，相鄰兩項之比有著明顯的規律性，往往構成等比數列。

【例題】

4, 6, 10, 18, 34, ( )

A. 50　　　　　B. 64　　　　　C. 66　　　　　D. 68

【答案】C

【解析】此數列表面上看沒有規律，但它們後一項與前一項的差分別為 2，4，6，8，16，是一個公比為 2 的等比數列，故括號內的值應為 34+16x2=66，故選 C。

6. 等比數列的特殊變式

【例題】

8, 12, 24, 60, ( )

A. 90　　　　　B. 120　　　　　C. 180　　　　　D. 240

【答案】C

【**解析**】該題有一定的難度。題目中相鄰兩個數字之間後一項除以前一項得到的商並不是一個常數，但它們是按照一定規律排列的：3/2，4/2，5/2。因此，括號內數字應為 60 x 6/2=180。故選 C。

此題值得再分析一下，相鄰兩項的差分別為 4，12，36，後一個值是前一個值的 3 倍，括號內的數減去 60 應為 36 的 3 倍，即 108，括號數為 168，如果選項中沒有 180 只有 168 的話，就應選 168 了。同時出現的話就值得爭論了，這題只是一個特例。

三、混合數列式

指一組數列中，存在兩種以上的數列規律。

7. 雙重數列式

即等差與等比數列混合，特點是相隔兩項之間的差值或比值相等。

【**例題**】

26, 11, 31, 6, 36, 1, 41, ( )

A. 0　　　　　　B. -3　　　　　　C. -4　　　　　　D. 46

【**答案**】C

【**解析**】此題是一道典型的雙重數列題。其中奇數項是公差為 5 的等差遞增數列，偶數項是公差為 5 的等差遞減數列。故選 C。

8. 混合數列

是兩個數列交替排列在一列數中，有時是兩個相同的數列（等差或等比），有時兩個數列是按不同規律排列的，一個是等差數列，另一個是等比數列。

【例題】

5, 3, 10, 6, 15, 12, ( ), ( )

A. 20, 18   B. 18, 20   C. 20, 24   D. 18, 32

【答案】C

【解析】 此題是一道典型的等差、等比數列混合題。其中奇數項是以 5 為首項、公差為 5 的等差數列，偶數項是以 3 為首項、公比為 2 的等比數列。故選 C。

四、四則混合運

指前兩（或幾）個數經過某種四則運算等到於下一個數，如前兩個數之和、之差、之積、之商等於第三個數。

9. 加法規律

加法規律有兩個定義，其中一個是指前兩個或幾個數相加等於第三個數，相加的項數是固定的。

【例題】

2, 4, 6, 10, 16, ( )

A. 26   B. 32   C. 35   D. 20

【答案】A

【解析】 首先分析相鄰兩數間數量關系進行兩兩比較，第一個數 2 與第二個數 4 之和是第三個數，而第二個數 4 與第三個數 6 之和是 10。依此類推，括號內的數應該是第四個數與第五個數的和 26。故選 A。

加法規律另一個解釋：前面所有的數相加等到於最後一項，相加的項數為前面所有項。

【例題】

1, 3, 4, 8, 16, ( )

A. 22　　　　　　B. 24　　　　　　C. 28　　　　　　D. 32

【答案】D

【解析】這道題從表面上看認為是題目出錯了，第二位數應是 2，以為是等比數列。其實不難看出，第三項等於前兩項之和，第四項與等於前三項之和，括號內的數應為前五項之和為 32。故選 D。

10. 減法規律

指前一項減去第二項的差等於第三項。

【例題】

25, 16, 9, 7, ( ), 5

A. 8　　　　　　B. 2　　　　　　C. 3　　　　　　D. 6

【答案】B

【解析】此題是典型的減法規律題，前兩項之差等於第三項。故選 B。

11. 加減混合

指一組數中需要用加法規律的同時還要使用減法，才能得出所要的項。

【例題】

1, 2, 2, 3, 4, 6, ( )

A. 7　　　　　　B. 8　　　　　　C. 9　　　　　　D. 10

【答案】C

【解析】即前兩項之和減去 1 等於第三項。故選 C。

12. 乘法規律

乘法規律有兩個定義，其一是普通常規式：前兩項之積等於第三項。

【例題】

3, 4, 12, 48, ( )

A. 96   B. 36   C. 192   D. 576

【答案】D

【解析】 這是一道典型的乘法規律題，仔細觀察，前兩項之積等於第三項。故選 D。

乘法規律另一個應用，是關乎其乘法規律的變式。

【例題】

2, 4, 12, 48, ( )

A. 96   B. 120   C. 240   D. 480

【答案】C

【解析】 每個數都是相鄰的前面的數乘以自己所排列的位數，所以第 5 位數應是 5 x 48=240。故選 C。

13. 除法規律

【例題】

60, 30, 2, 15, ( )

A. 5   B. 1   C. 1/5   D. 2/15

【答案】D

【解析】 本題中的數是具有典型的除法規律，前兩項之商等於第三項，故第五項應是第三項與第四項的商。故選 D。

14. 除法規律與等差數列混合式

【例題】

3, 3, 6, 18, ( )

A. 36　　　　　　B. 54　　　　　　C. 72　　　　　　D. 108

【答案】C

【解析】 數列中後個數字與前一個數字之間的商形成一個等差數列，以此類推，第 5 個數與第 4 個數之間的商應該是 4，所以 18 x 4=72。故選 C。

五、平方規律

是指數列中包含一個完全平方數列，有的明顯，有的隱含。

15. 平方規律的常規式

【例題】

49, 64, 81, ( ), 121

A. 98　　　　　　B. 100　　　　　　C. 108　　　　　　D. 116

【答案】B

【解析】 不難看出這是一組具有平方規律的數列，所以括號內的數應是 100，故選 B。

16. 平方規律的變式

之一、n^2-n

【例題】

0, 3, 8, 15, 24, ( )

A. 28　　　　　　B. 32　　　　　　C. 35　　　　　　D. 40

【答案】C

【解析】這個數列沒有直接規律，經過變形後就可以看出規律。由於所給數列各項分別加 1，可得 1，4，9，16，25，即 1^2，2^2，3^2，4^2，5^2，故括號內的數應為 $6^2-1=35$，其實就是 n^2-n。故選 C。

之二、n^2+n

【例題】

2, 5, 10, 17, 26, ( )

A. 43　　　　　　B. 34　　　　　　C. 35　　　　　　D. 37

【答案】D

【解析】這個數是一個二級等差數列，相鄰兩項的差是一個公差為 2 的等差數列，括號內的數是 26+11=37。如將所給的數列分別減 1，可得 1，4，9，16，25，即 1^2，2^2，3^2，4^2，5^2，故括號內的數應為 $6^2+1=37$，，其實就是 n^2+n。故選 D。

之三、每項自身的平方減去前一項的差等於下一項。

【例題】

1, 2, 3, 7, 46, ( )

A. 2109　　　　　B. 1289　　　　　C. 322　　　　　D. 147

【答案】A

【解析】本數列規律為第項自身的平方減去前一項的差等於下一項，即 1^2-0，2^2-1=3，3^2-2=7，7^2-3=46，46^2-7=2109，故選 A。

六、立方規律

指數列中包含一個立方數列，有的明顯，有的隱含。

17. 立方規律的常規式：

【例題】

1/343, 1/216, 1/125, ( )

A. 1/36   B. 1/49   C. 1/64   D. 1/27

【答案】C

【解析】仔細觀察可以看出，上面的數列分別是 $1/7^3$，$1/6^3$，$1/5^3$ 的變形，因此，括號內應該是 $1/4^3$，即 1/64。故選 C。

18. 立方規律的變式

之一、n^3-n

【例題】

0, 6, 24, 60, 120, ( )

A. 280   B. 320   C. 729   D. 336

【答案】D

【**解析**】數列中各項可以變形為 1^3-1，2^3-2，3^3-3，4^3-4，5^3-5，6^3-6，故後面的項應為 7^3-7=336，其排列規律可概括為 n^3-n。故選 D。

之二、n^3+n

【**例題**】

2, 10, 30, 68, ( )

A. 70 　　　　B. 90 　　　　C. 130 　　　　D. 225

【**答案**】C

【**解析**】數列可變形為 1^3+1，2^3+2，3^3+3，4^3+4，故第 5 項為 5^3+5=130，其排列規律可概括為 n^3+n。故選 C。

之三、從第二項起後項是相鄰前一項的立方加 1。

【**例題**】

-1, 0, 1, 2, 9, ( )

A. 11 　　　　B. 82 　　　　C. 729 　　　　D. 730

【**答案**】D

【**解析**】從第二項起後項分別是相鄰前一項的立方加 1，故括號內應為 9^3+1=730。故選 D。

做立方型變式這類題時應從前面幾種排列中跳出來，想到這種新的排列思路，再通過分析比較嘗試尋找，才能找到正確答案。

七、特殊類型

19. 需經變形後方可看出規律的題型：

【例題】

1, 1/16, ( ), 1/256, 1/625

A. 1/27   B. 1/81   C. 1/100   D. 1/121

【答案】B

【解析】此題數列可變形為 $1/1^2$，$1/4^2$，( )，$1/16^2$，$1/25^2$，可以看出分母各項分別為 1，4，( )，16，25 的平方，而 1，4，16，25，分別是 1，2，4，5 的平方，由此可以判斷這個數列是 1，2，3，4，5 的平方的平方，由此可以判斷括號內所缺項應為 $1/(3^2)^2=1/81$。故選 B。

20. 容易出錯規律的題

【例題】

12, 34, 56, 78, ( )

A. 90   B. 100   C. 910   D. 901

【答案】B

【解析】這道題表面看起來起來似乎有著明顯的規律，12 後是 34，然後是 56，78，後面一項似乎應該是 910，其實，這是一個等差數列，後一項減去前一項均為 22，所以括號內的數字應該是 78+22=100。故選 B。

2. 十秒快速篩出選項

在投考紀律部隊的考試中，所有的題目均為選擇題。要在判斷選項是否符合題意，其中一個最有效的方法就是「整除特性」。

整除的定義非常簡單，那就是兩個整數的商為一個整數且餘數為零，我們就說被除數能夠被整除。公務員考試題目中所出現的數字往往都是一些整數，這符合了我們利用整除特性的先決條件。同時，公務員考試中的數量關係題目往往是應用題，都是從生活中提煉出來的，也就是說題目中所涉及的對象往往是整數個，而不能是半個或者 1/3 個的，這符合了我們應用整除特性的第二個條件。

下面我們來看一下如何快速學會應用整除特性。

【例題】

1. 甲、乙兩個派出所，上個月共破案 160 宗，其中甲派出所破案案件的 17% 是非刑事案件，而乙派出所破案的案件 20% 是非刑事案件，請問乙派出所上月破獲的刑事案件有多少宗？

A. 12　　　　　B. 48　　　　　C. 60　　　　　D. 83

【答案】B

【解析】 由於甲派出所破的案件 17% 是非刑事案件，說明甲派出所（非刑事案件／總案件數）= 17/100，推出甲派出所案件總數為 100 的整數倍，而甲、乙兩個派出所一共破獲 160 宗案件，所以甲派出所上個月的破案總數只能是 100，那麼乙派出所破獲案件為 60，其中 (1-20%) 為刑事案件，所以刑事案件數 =60*80%=48，故選 B。

那麼為什麼我可以通過甲派出所破案案件的 17% 是非刑事案件，說明甲派出所（非刑事案件／總案件數）= 17/100，推出甲派出所案件總數為 100 的整數倍？

（非刑事案件／總案件數）= 17/100 可以推出（非刑事案件 =17* 總案件數／100），由於非刑事案件必須是一個整數（案件數不能有半個或者 1/3 個），所以說明（17* 總案件數 /100）必須是一個整數，那麼總案件數就必須是 100 的倍數。

明白了這樣一個道理之後，當我們在做行測題目的時候如果能夠將甲、乙兩個元素轉化成（甲／乙 = A/B）的形式的話，我們需要進行兩個判斷：

1. 這兩個元素是否可以分割，如果不可分割則進行第二個判斷。

2. A/B 是否為最簡分數

如果是最簡分數，那麼我們需要有以下四個結論：

a. 甲能夠被 A 整數

b. 乙能夠被 B 整除

c. （甲 - 乙）能夠被（A-B）整除

d. （甲＋乙）能夠被（A+B）整除

這就是我們通過整除思想進行快速判斷選項的四句真言，應當熟記和熟練掌握。

另外，我們了解了如果能夠將甲、乙兩個元素轉化成（甲／乙 = A/B）的形式就可以輕鬆的運用整除思想，那麼在什麼情況下，可以將能夠將甲、乙兩個元素轉化成（甲／乙 = A/B）的形式呢？

1. 題目中有小數、百分數、比例時，因為這三種表述都可以轉化成分數，也就是 A/B 的形式。

2. 題目中含有整除、倍數、平均、每等字眼時，這些字眼同樣可以轉化成 A/B 的形式。

3. 題目中出現了多幾個、少幾個、差幾個、剩幾個等等字眼時，我們可以通過給某個元素加上幾個數或者減去幾個數轉化成 A/B 的形式。

【例題】

1. 某公司去年有員工 830 人，今年男員工比去年減少 6%，女員工人數比去年增加 5%，員工總數比去年增加三人。

問：今年的男員工共有多少人？

A. 329　　　　B. 350　　　　C. 371　　　　D. 504

【答案】A

【解析】題目中涉及的元素為人數，不可分割，且出現了百分數，想到用整除思想，由今年男員工比去年減少 6%，轉化成 A/B 的形式為（今年男員工人數／去年男員工人數 = 94/100），此時進行兩個判斷 1、元素不可分割；2、分數不是最簡分數，應當化簡為 47/50，符合判斷標準後應用結論 1，今年男員工人數能夠被 47 整除，選項中只有 A 符合條件，所以選 A。

2. 2005 年父親的歲數是兒子的歲數的 6 倍，2009 年父親的歲數是兒子歲數的 4 倍，則 2009 年父親和兒子的歲數和是多少？

A. 28　　　　B. 36　　　　C. 46　　　　D. 50

【答案】D

【解析】題目中涉及的元素為人數，不可分割，且出現了倍數，想到用整除思想。由問題為「2009 年父親和兒子的歲數和是多少？」可以知道先觀察「2009 年父親的歲數是兒子歲數的 4 倍」這個條件，同時這個條件可以轉化成 A/B 的形式，即（2009 年父親的歲數／兒子的歲數）=4/1，而題目問的 2009 年他們倆的歲數和應用結論 4，他們的和能夠被 4+1 也就是 5 整除，選項中只有 D 符合條件，所以選 D。

3. 數字推理應急法

考試題目做不完，所以很多考生就會去尋找快速解題的方法，或者採用直接「撞」題的方法，秒殺題目。不過，怎麼才能提高正確率呢？下面介紹幾種針對性的方法。

一、當題幹裡全是整數，選項裡既有整數也有小數，小數多半是正確答案。

【例題】

2, 2, 6, 12, 27, ()

A. 42   B. 50   C. 58.5   D. 63.5

【答案】C

【解析】 選項有整數有小數，排除 A、B，出現「.5」的小數說明運算中可能有乘除關係，觀察數列中後項除以前項不超過 3 倍，猜 C。

正解：幾個數字的相差得：

0, 4, 6, 15

(0+4) x 1.5 = 6，

(4+6) x 1.5 = 15,

(6+15) x 1.5 = 31.5

所以原數列下一項是 27+31.5 = 58.5。

二、數列中的尾數規律的出現，就按這個規律選擇。

【例題】

82, 98, 102, 118, 62, 138，（　）

A. 68　　　　　　B. 76　　　　　　C. 78　　　　　　D. 82

【答案】D

【解析】 觀乎題幹中幾個數字的尾數都以 2, 8, 2, 8 這樣的循環形式出現，那麼下一就選尾數為 2 的吧。

三、猜最接近值，就能找到最近似的答案。

有時候找到一個規律，算出來的答案卻找不到選項，但又跟某一選項很接近，那麼別再浪費時間另外找規律。直接選最接近的那個。

【例題】

1. 1, 2, 6, 16, 44, ()

A. 66　　　　　　B. 84　　　　　　C. 88　　　　　　D. 120

【答案】D

【解析】 增幅較小，下意識地做差有 1，4，10，28。再做差 3，6，18，下一項或許是 18 x 4=72，或許是 6 x 18=108，不論是哪個，原數列的下一項都大於 100，直接猜 D。

2. 0, 0, 1, 5, 23, ()

A. 119　　　　B. 79　　　　C. 63　　　　D. 47

【答案】A

【解析】首兩項一樣，明顯是一個遞推數列，而從 1，5 遞推到 25 必然要用乘法，而 5×23=115，猜最接近的選項 119。

四、出現兩個括號，需選兩個數的，考慮隔項之間分別有關係。

【例題】

1. 0, 9, 5, 29, 8, 67, 17, (), ()

A. 125, 3　　　B. 129, 24　　　C. 84, 24　　　D. 172, 83

【答案】B

【解析】首先注意到 B，C 選項中有共同的數值 24，第二個括號一定是 24。而根據之前總結的規律，雙括號一定是隔項成規律，我們發現偶數項 9, 29, 67, () 後項都是前項的兩倍左右，所以猜 129，選 B。

2. 4, 6, 5, 7, 7, 9, 11, 13, 19, 21, (), ()

A. 27, 29　　　B. 32, 33　　　C. 35, 37　　　D. 41, 43

【答案】C

【解析】奇數項 4, 5, 7, 9, 13, 21, ()，填 35，則選 C。

4. 數學運算中的秒殺方法

投考紀律部隊的考試為什麼得分率低？有調查發現，考生們並不是不會做試題，而是不少考生都是做題速度慢，題目太多、時間不夠。而其中又尤其以數學運算所用的時間最多，需要讀題、列式、計算，一條題目的時間要控制在 1 分鐘內做完確實太難了，所以眾多考生把數學運算題目放到最後去做，一部份考生隨便選幾條題目做一下，還有很多考生因為沒有時間直接放棄。

數學運算題目雖然有一定難度，但是如果掌握好幾種快捷、簡單、高效的秒殺方法，可以簡化計算量，提高解題效率。下面就介紹幾種方法以供大家參考：

一、奇偶特性

首先運用這個特性前得熟悉奇偶特性的基本原則：

1. 如果任意兩個數的和是奇數的話，那麼差也是奇數。但如果和是偶數，那麼差也是偶數。

2. 如果任意兩個數的和或差是奇數的話，則兩數奇偶相反。假如和或差是偶數的話，則兩數奇偶相同。

【例題】

某地的工人組織租用甲、乙兩間課室開辦講座。兩間教室內均設有 5 排座位，甲課室每排可坐 10 人，乙課室每排可坐 9 人。兩間課室當月共舉辦該講座 27 次，每次講座均座無虛席，當月講座的出席者共有 1,290 人次。問甲課室當月共舉辦了多少次這項講座？

A. 8　　　　　　B. 10　　　　　　C. 12　　　　　　D. 15

【答案】D

【解析】根據題意，設甲課室當月舉辦了 X 次講座，乙課室當月舉辦了 Y 次講座，當然，這道題目可以進行解方程求解，但是數字比較大，運算量較多。但是用奇偶特性就非常簡單，直接秒殺。由，50X+45Y=1290，1290 是偶數，50X 是偶數，則 45Y 一定是偶數，即 Y 是偶數。又，因為 X+Y=27，27 是奇數，則 X 一定是奇數，選 D 項。

是故當題目出現方程或方程組時，且選項奇偶性不同，可以考慮利用奇偶特性進行快速解題，又或者排除干擾選項。

二、整除特性

整除判定的三個基本法則：

1.「2、4、8」整除判定法則

一個數能被 2（或者 5）整除，當且僅當末一位數字能被 2（或者 5）整除；

一個數能被 4（或者 25）整除，當且僅當末兩位數字能被 4（或者 25）整除；

一個數能被 8（或者 125）整除，當且僅當末三位數字能被 8（或者 125）整除；

2.「3、9」整除判定基本法則

一個數字能被 3 整除，當且僅當其各位數字之和能被 3 整除；

一個數字能被 9 整除，當且僅當其各位數字之和能被 9 整除；

3.「11」整除判定法則

一個數能被 11 整除，當且僅當其奇數位之和與偶數位之和的差能被 11 整除；

【例題】

一單位組織員工乘車去喜瑪拉亞山，要求每輛車上的員工數相等。起初，每輛車 22 人，結果有一人無法上車；如果開走一輛車，那麼所有的旅行者正好能平均乘到其餘各輛車上，已知每輛最多乘坐 32 人，請問單位有多少人去了喜瑪拉亞山？

A. 269   B. 352   C. 478   D. 529

【答案】D

【解析】根據題意，設單位一共 X 個人，有 N 輛車，則，22N+1=X，（X-1）/22=N，即 X-1 能被 22 整除，選項 D 正確。或 X-1 既能被 2 整除同時也能被 11 整除，同樣選 D 項。利用其中一個條件就可以秒殺題目。

所以，當題目在解題過程中涉及到除法時，要想到整除特性，根據選項進行排除。

三、倍數關係

倍數關係核心判定特徵：

1. 如果 a/b=m/n（m，n 互質），則 a 是 m 的倍數；b 是 n 的倍數。

2. 如果 a=（m/n）x b（m，n互質），則 a 是 m 的倍數；b 是 n 的倍數。

3. 如果 a/b=m/n（m，n 互質），則 ab 應該是 m±n 的倍數當數學運算題目中出現了百分數（濃度問題除外）、分數和倍數關係時，可考慮能否用倍數關係核心判定特徵快速解題。在應用的時候，一般是從所求的量入手，根據題目所給的條件構建倍數比例關係 。

【例題】

某公司去年有員工 830 人，今年男員工人數比去年減少 6%，女員工人數比去年增加 5%，員工總數比去年增加 3 人，問今年男員工有多少人？

A. 329　　　　　B. 350　　　　　C. 371　　　　　D. 504

【答案】A

【解析】根據題意，今年男員工的人數比去年減少 6%，則今年的男員工 = 去年的男員工 x 94%= 去年的男員工 x 47/50，則今年的男員工是 47 的倍數，故選 A。

所以，當題目中出現分數、百分數或者比例時，可以考慮倍數關係進行列方程，又或者利用倍數特性快速解題。

通過上述題目，如果你能夠利用奇偶特性、整除特性和倍數關係這三種方法，對題目進行的秒殺。考生在平時練習的時候要多注意有意識的使用這些方法，在考場時才能很好的利用這三種方法快速解題，從而能夠在考場緊張的時間裡對於數學運算的題目快速的解答。

5. 數量關係秒殺四法

一、代入法

代入法是投考紀律部隊考試中，較多機會用到的一種快速計算方法。通常是用於諸如以下描述的題目中：「一個數」滿足某種特點，或題目中所要求解的數據在選項中都已經給出來。

【例題】

1. 一個數除以 11 餘 3，除以 8 餘 4，除以 7 餘 1，問這個數最小是多少？

A. 36　　　　　B. 55　　　　　C. 78　　　　　D. 122

【答案】A

【解析】 從最小的選項開始代入，因為這道題問的就是這個數最小是多少。代入 36 發現符合條件所描述的情況，直接選定答案即可。

2. 甲、乙、丙三種糖，甲種每塊 0.08 元，乙種每塊 0.05 元，丙種每塊 0.03 元，買 10 塊共用 0.54 元，求三種糖各買幾塊？

A. 4、2、4　　B. 4、3、3　　C. 3、4、3　　D. 3、3、4

【答案】A

【解析】 從 A 項開始代入，只要滿足條件一：三種軟糖的個數為 10，條件二：三種軟糖的價格數位 0.54，就是正確選項。A 項，4+2+4=10，4x0.08+2x0.05+4x0.03=0.54，所以選擇 A 項。

二、特值法

採用設定特值來解決問題，這種方法一般用於所要求的結果是一個比例，如幾分之幾或百分之幾，或者設定的數值對於解題沒有影響。

【例題】

李先生在一次村委會選舉中，需 2/3 的選票才能當選，當統計完 3/5 的選票時，他得到的選票數已達到當選票數的 3/4，他還需要得到剩下選票的幾分之幾才能當選？

　　A. 7/10　　　　B. 8/11　　　　C. 5/12　　　　D. 3/10

【答案】C

【解析】這道題最後問的是一個比值，所以總票數是多少對於計算結果沒有影響，所以我們可以給總票數設定一個特值來方便求解。一般設定這個特值選擇分數分母的公倍數，方便化簡。這道題我們可以選擇 60。那麼需要 40 票才能當選，當統計完 36 票時，他得到了 40x3/4=30 票，他還差 10 票。剩下的票數是 60-36=24 票，所以 10/24=5/12 就是正確答案。

三、答案選項法

投考紀律部隊題目的答案之間有諸多聯繫，比如題目中如果指出兩個量的和是多少，或甲比乙多出多少，一般選項中會出現某兩個選項存在這樣的等量關係，我們可以據此直接根據選項來判斷出答案來。

【例題】

一隊戰士排成三層空心方陣多出 9 人,如果在空心部份再增加一層,又差 7 人,問這隊戰士共有多少人?

A. 121　　　　B. 81　　　　C. 96　　　　D. 105

【答案】D

【解析】 這道題的常規解法是求出空心部份增加的一層人數為 9+7=16,根據方陣中每層人數相差 8 得出這三層人數分別為 24,32,40,相加得 96,再加上多出來的 9 人,共 105 人。答案選項法是直接觀察 C、D 兩項,差值為 9,所以這道題就是利用很多考生計算出三層人數後忘記加 9 而錯選 C 選項,可以迅速選擇 D 項為正確答案。

四、整除特性法

題目如果有某個數值的幾分之幾這樣的字眼,我們可以很容易的判斷某個數值是常見數字如 2、3、5、11 等的倍數,如 A 的 4/11 是女的,我們可以判定 A 的總數為 11 的倍數,而 A 中的女性數量為 4 的倍數。

【例題】

兩個數的差是 2345,兩數相除的商是 8,求這兩個數之和。

A. 2353　　　　B. 2896　　　　C. 3015　　　　D. 3457

【答案】C

【解析】 兩數相除的商是 8,也就是其中一個數是另一個數的 8 倍,那麼這兩個數的和就是其中小一點的那個數字的 9 倍,所以說兩數之和為 9 的倍數,在選項中只有 C 項是 9 的倍數。

6. 特殊剩餘問題

公務員考試中整除的問題時又出現，而在整除的基礎上衍生出的不能整除，即有餘數的問題也在公務員考試中不斷的出現，本節將介紹特殊的剩餘問題，即餘同問題、和同問題以及差同問題。

一、餘同問題

「餘同」指的是一個數除以幾個不同的除數，得到的餘數都相同的問題。

【例題】

一個自然數，除以 5 的餘數是 1，除以 6 的餘數是 1，除以 7 的餘數也是 1，求這個自然數最小是多少？

A. 211　　　　B. 209　　　　C. 212　　　　D. 256

【答案】A

【解析】這個數除以 5 餘數是 1，說明這個數減去 1 之後可以被 5 整除；這個數除以 6 餘數是 1，說明這個數減去 1 之後可以被 6 整除；這個數除以 7 餘數是 1，說明這個數減去 1 之後可以被 7 整除；故這個數減去 1 之後可同時被 5、6、7 整除，那這個數 P 具有以下關係：P-1=210N，其中210 是 5、6、7 的最小公倍數，N 是整數。所以最小的這個數是 1，稍大一點的這個數是 211。

從這個例子中我們可以總結出以下關係：

如果一個數 P 除以 m 餘數是 a，除以 n 餘數是 a，除以 t 餘數是 a，那麼這個數 P 可以表示為：P=a+（m、n、t 的最小公倍數）＊N，N 為整數，a 是相同的餘數。

二、和同問題

和同指的是一個數除以幾個不同的除數，得到的餘數加上除數的和都相同的問題。

【例題】

一個自然數，除以 5 的餘數是 3，除以 6 的餘數是 2，除以 7 的餘數是 1，求這個自然數最小是多少？

A. 250　　　　　B. 218　　　　　C. 109　　　　　D. 201

【答案】B

【解析】5+3=6+2=7+1=8，即和同問題。解決問題的思路和上面的思路是一樣的，就是怎麼去從給出的數字中拼湊出一樣的數來。

從題幹可知，這個數減去 8 之後可同時被 5、6、7 整除，而這裡的 8 就是除數和餘數的和。故這個數 P 具有以下關係：P-8=210N，其中 210 是 5、6、7 的最小公倍數，N 是整數。所以最小的這個數是 8，稍大一點的這個數是 218。

從這個例子中我們可以總結出以下關係：如果一個數 P 除以 m 餘數是 a-m，除以 n 餘數是 a-n，除以 t 餘數是 a-t，那麼這個數 P 可以表示為：P=a+（m、n、t 的最小公倍數）＊N，N 為整數，a 是除數同餘數的加和。

三、差同問題

差同指的是一個數除以幾個不同的除數，得到的除數減去餘數的差都相同的問題。

【例題】

一個自然數，除以 5 的餘數是 1，除以 6 的餘數是 2，除以 7 的餘數也是 3，求這個自然數最小是多少？

A. 93　　　　　　B. 215　　　　　C. 107　　　　　D. 206

【答案】D

【解析】5-1=6-2=7-3=4，即差同問題。則這個數加上 4 後能同時被 5、6、7 整除，那這個數 P 具有以下關係：P+4=210N，其中 210 是 5、6、7 的最小公倍數，N 是整數。所以最小的這個數是 206。

從這個例子中我們可以總結出以下關係：

如果一個數 P 除以 m 餘數是 m-a，除以 n 餘數是 n-a，除以 t 餘數是 t-a，那麼這個數 P 可以表示為：P=(m、n、t 的最小公倍數)＊N-a，N 為整數，a 為相同的除數和餘數的差。

例如有一堆梨，兩個兩個拿最後剩一個，三個三個拿最後剩兩個，四個四個拿最後剩三個，問這堆梨最少有多少個？

這題屬於差同問題，故梨的個數可以表示為：12N-1，所以梨最少有 11 個。

7. 縮短計算時間

　　數量關係是讓很多考生絞盡腦汁的一種題型。尤其是數學基礎較遜色的考生，更是苦不堪言。對於數量關係這一範疇，若是按部就班的來做卻發現 15 道題要花半小時甚至更多的時間，導致後面部份題目沒時間去做；數學基礎較遜色一些的考生，如乾脆放棄這一部份題，那損失會更慘重。那數學差的考生怎麼樣去備戰投考紀律部隊的考試呢？

　　其實，數學運算很多題目是有較簡單的解題技巧，關鍵是各位考生在備考當中要善於學習、善於總結命題人的命題規律以及各種題型的解題技巧，把握好這幾點，數量關係並不是多難的事。因為數量關係多數內容都是考察小學、初中、高中的知識，所以，數的整除特性、代入排除法是解題常用的方法，需要引起廣大考生的重視。

　　以下就看一下數學運算可以如何運用數的整除特性、代入排除法去快速解題。

【例題】

　　1. 兩個派出所某月內共受理案件 160 宗，其中甲派出所受理的案件中有 17% 是刑事案件，乙派出所受理的案件中有 20% 是刑事案件，問乙派出所在這個月中共受理多少宗非刑事案件？

A. 48　　　　　B. 60　　　　　C. 72　　　　　D. 96

普通解法：此題看似簡單，絕大多數的考生都會選擇列方程求解。假設甲乙兩個派出所處理的案件數分別為 x、y，根據題意只能列出方程 x+y=160，根據後面的條件方程不好再列。

快速解題：數的整除。根據題意不管是甲、乙哪個派出所受理的刑事還是非刑事案件，其案件數量一定是整數，這是解決此類問題的一個突破口。要使甲派出所受理的案件中有 17% 是刑事案件是整數，則甲派出所受理的案件應該是 100 宗，由此推出乙派出所一共受理了 60 個案件，可計

算出乙派出所在這個月中共受理非刑事案件 48 宗。所以此題根據數的整除特性或者分析選項之間的差異就可以得出答案，簡化解題過程。

2. 某汽車廠商生產甲、乙、丙三種車型，其中乙型產量的 3 倍與丙型產量的 6 倍之和等於甲型產量的 4 倍，甲型產量與乙型產量的 2 倍之和等於丙型產量的 7 倍。則甲、乙、丙三型產量之比為：

A. 5：4：3　　B. 4：3：2　　C. 4：2：1　　D. 3：2：1

普通解法：大家遇到這道題目會想當然的去列方程來求解，假設甲、乙、丙分別為 xyz，根據題意列方程組為 3y+6z=4x；x+2y=7z，根據這兩個方程相互轉換求出 xyz 的關係。但是此方程組有 3 個未知數，2 個方程，不能精確求解，部份考生可能最終花費了大量的時間卻無法求出結果。

快速解題：代入排除法或數的整除特性。根據條件得出：3乙 +6 丙 =4 甲，甲 +2 乙 =7 丙。將答案當中的 4 個比例代入進行排除，我們發現最後只有 D 項滿足。如果各位考生能夠從第一個式子找出規律，就更加簡單，由 3乙 +6 丙 =4 甲，得到甲應該是 3 的倍數，觀察選項只有 D 滿足（數的整除特性）。所以此題完全可以根據代入排除或數的整除特性解決，沒有必要列繁瑣的方程式。

3. 某種漢堡包每個成本 4.5 元，售價 10.5 元，當天賣不完的漢堡包即不再出售。在過去十天裡，餐廳每天都會準備 200 個漢堡包，其中有六天正好賣完，四天各剩餘 25 個，問這十天該餐廳賣漢堡包共賺了多少元？

A. 10850　　B. 10950　　C. 11050　　D. 11350

普通解法：本題為經濟利潤問題。利潤 = 售價 - 成本。

題目中總售價為 10.5x(200x6+175x4)=19950，總成本 4.5x200x10=9000，因此利潤為 19950-9000=10950。此題用這種方法做是可以做出來的，但是會花較多的時間。

快速解題：總共賺的錢 =6x 面包數量 -4x25x4.5=6x 面包數量 -450，結果應該是 3 的倍數，答案中只有 B 符合。利用數的整除特性就變得簡單多了。

8. 聰明的尾數

利用尾數鎖定答案，是指通過答案的尾數來確定選項。當題目中四個選項的尾數不一樣時，可以考慮用「尾數法」，其中包括通過四則運算看尾數和乘方看尾數兩種形式。

一、通過四則運算看尾數

【例題】

1. $173 \times 173 \times 173 - 162 \times 162 \times 162 = ($)。

A. 926183　　B. 936185　　C. 926187　　D. 926189

【答案】D

【解析】這道題如果正常求解，非常繁瑣。但是此題剛剛好滿足四個選項的尾數不一樣，就可以通過尾數法求解。即變成了求 $3 \times 3 \times 3 - 2 \times 2 \times 2$ 的尾數，尾數為 9，即選擇 D。

2. 要求廚師從 12 種主料中挑選出 2 種，從 13 種配料中挑選出 3 種來烹飪某道菜肴，烹飪的方式共有 7 種，那麼該廚師最多可以做出多少道不一樣的菜式？

A. 130468　　B. 131204　　C. 132132　　D. 133456

【答案】C

【解析】四個選項數值都很大，直接計算會很麻煩，觀察選項可知四者尾數都不一樣，$C（12，2）\times C（13，3）\times 7 = 66 \times 13 \times 22 \times 7$，根據尾數法，$6 \times 3 \times 2 \times 7$，尾數為 2，選擇 C 選項。

這是第一種形式，通過觀察選項尾數，在經過四則運算得出答案，要注意的是在除法中尾數的非唯一性，在除法中遇到尾數有兩種情況最好避免尾數法的運用。

二、乘方尾數

首先，我們先看一下 1-9 的乘方尾數：

1 的乘方尾數是 1 循環；

2 的乘方尾數是 2、4、8、6 循環；

3 的乘方尾數是 3、9、7、1 循環；

4 的乘方尾數是 4、6 循環；

5 的乘方尾數是 5 循環；

6 的乘方尾數是 6 循環；

7 的乘方尾數是 7、9、3、1 循環；

8 的乘方尾數是 8、4、2、6 循環；

9 的乘方尾數是 4、6 循環。

所以 1-9 這幾個數字的乘方尾數都可以看成 4 次一循環，這樣就可以判定其指數除以 4 看餘數，就知道是取哪個尾數了，可記住以下這句話：底數不變，指數除以 4 取餘數，餘 0 則指數取 4（4 次一循環，則餘 0 跟四次方尾數相同）。

【例題】

2012^{2012} 的末位數字是：

A. 2   B. 4   C. 6   D. 8

【答案】C

【解析】根據乘方尾數法則，指數 2012 正好能被 4 整出，所以餘數取 4，可得尾數 $2^4 = 16$，尾數取 6，選擇 C 選項。

利用尾數進行速算主要是考慮到選項的尾數各不相同，在資料分析裡面有時也直接進行尾數計算快速得到答案，總之，利用尾數計算需要一定的題目環境，題目難度也都不大，關鍵是要熟練運用，快速準確的得到答案。

數字推理練習題 Q1-20

Q1. 2, 12, 36, 80, ( )
A. 100　　B. 125　　C. 150　　D. 175

Q2. 1, 3, 4, 1, 9, ( )
A. 5
B. 11　　C. 14　　D. 64

Q3. 0, 9, 26, 65, 124, ( )
A. 165　　B. 193　　C. 217　　D. 239

Q4. 0, 4, 16, 40, 80, ( )
A. 160　　B. 128　　C. 136　　D. 140

Q5. 0, 2, 10, 30, ( )
A. 68　　B. 74　　C. 60　　D. 70

Q6. 某高校 2006 年度的畢業學生有 7,650 名，比上年度增長 2％. 其中本科畢業生比上年度減少 2％. 而研究生畢業數量比上年度增加 10％。那麼，這所高校今年畢業的本科生有：
A. 3920 人　　　　B. 4410 人
C. 4900 人　　　　D. 5490 人

Q7. 現有邊長 1 米的一個木質正方體，已知將其放入水裡，將有 0．6 米浸入水中．如果將其分割成邊長 0.25 米的小正方體，並將所有的小正方體都放入水中，直接和水接觸的表內積總量為：
A. 3.4 平方米　　　B. 9.6 平方米
C. 13.6 平方米　　　D. 16 平方米

Q8. 把 144 張卡片平均分成若干個盒內，每盒在 10 張到 40 張之間，則共有（ ）種不同的分法？
A. 4　　B. 5　　C. 6　　D. 7

Q9. 從一副完整的撲克牌中，至少要抽出幾多張牌，才能保證至少 6 張牌的花色相同？
A. 21　　B. 22　　C. 23　　D. 24

Q10. 小明和小強參加同一次考試，如果小明答對的題目佔題目總數的 3/4，小強答對 27 題，他們兩人都答對的題目佔題目總數的 2/3，那麼兩人都沒有答對的題目共有：
A. 3 道　　B. 4 道　　C. 5 道　　D. 6 道

Q11. 學校舉辦一次中國象棋比賽，有 10 名同學參加，比賽採用單循環賽制，每名同學都要與其他 9 名同學比賽一局。比賽規則，每局棋勝者得 2 分，負者得 0 分，平局兩人各得 1 分。比賽結束後，10 名同學的得分各不相同，已知：
1. 比賽第一名與第二名都是一局都沒有輸過；
2. 前兩名的得分總和比第三名多 20 分；
3. 第四名的得分與最後四名的得分和相等。
那麼，排名第五名的同學的得分是：
A. 8 分　　　　　　B. 9 分
C. 10 分　　　　　　D. 11 分

Q12. 某班男生比女生人數多 80％，一次考試後，全班平均成級為 75 分，而女生的平均分比男生的平均分高 20％，則此班女生的平均分是：
A. 84 分　　　　　　B. 85 分
C. 86 分　　　　　　D. 87 分

Q13. A、B 兩站之間有一條鐵路，甲、乙兩列火車分別停在 A 站和 B 站，甲火車 4 分鐘走的路程等於乙火車 5 分鐘走的路程。乙火車上午 8 時整從 B 站開往 A 站，開出一段時間後，甲火車從 A 站出發開往 B 站，上午 9 時整兩列火車相遇。相遇地點離 A、B 兩站的距離比是 15:16，那麼，甲火車在（　）從 A 站出發開往 B 站。

A. 8 時 12 分　　　　B. 8 時 15 分
C. 8 時 24 分　　　　D. 8 時 30 分

Q14. 32 名學生需要到河對岸去露營，只有一條船，每次最多載 4 人（其中需 1 人劃船），往返一次需 5 分鐘。如果 9 時正開始渡河，9 時 17 分時，至少有幾多人還在等待渡河？

A. 16　　B. 17　　C. 19　　D. 22

Q15. 一名外國遊客到北家旅行。他要麼上午出去遊玩，下午在酒店休息；要麼上午休息，下午出去玩，而下雨天他只能一天都呆在房間裡。期間，不下雨的日數是 12 天，他上午呆在房間的日數為 8 天，下午呆在房間的日數為 12 天。
他在北京共呆了：

A. 16 天　　　　　B. 20 天
C. 22 天　　　　　D. 24 天

Q16. 甲、乙兩個容器均有 50 釐米深，底面積之比為 5:4，甲容器水深 9 釐米，乙容器水深 5 釐米。再往兩個容器各注入同樣多的水，直到水深相等，這時兩容器的水深是：

A. 20 釐米　　　　B. 25 釐米
C. 30 釐米　　　　D. 35 釐米

Q17. 一篇文章，現有甲乙丙三人，如果由甲乙兩人合作翻譯，需要 10 小時完成，如果由乙丙兩人合作翻譯，需要 12 小時完成。現在先由甲丙兩人合作翻譯 4 小時，剩下的再由乙單獨去翻譯，需要 12 小時才能完成，則這篇文章如果全部由乙單獨翻譯，要幾多小時能夠完成？

A. 15　　B. 18　　C. 20　　D. 25

Q18. 共有 20 個玩具交給王先生手工製作完成規定，製作的玩具每合格一個得 5 元，不合格一個扣 2 元，未完成的不得不扣。最後王先生共收到 56 元，那麼他製作的玩具中，不合格的共有幾多個？

A. 2　　B. 3　　C. 5　　D. 7

Q19. 一個車隊有三輛汽車，擔負著五家工廠的運輸任務，這五家工廠分別需要 7、9、4、10、6 名裝卸工，共計 36 名；如果安排一部份裝卸工跟車裝卸，則不需要那麼多裝卸工，而只需要在裝卸任務較多的工廠再安排一些裝卸工就能完成裝卸任務。那麼在這種情況下，總共至少需要幾多名裝卸工才能保證各廠的裝卸需求？

A. 26　　B. 27　　C. 28　　D. 29

Q20. 有一食品店某天購進了 6 箱食品，分別裝著餅乾和麵包，重量分別為 8、9、16、20、22、27 公斤。該店當天只賣出一箱麵包，在剩下的 5 箱中，餅乾的重量是麵包的兩倍，則當天食品店購進了幾多公斤麵包？

A. 44　　B. 45　　C. 50　　D. 52

答案及解析

Q1. C

【解析】**方法 1**：幾個數字變化幅度比較大，而且全部是偶數。所以答案幾乎可以肯定在 A 或 C 中。考慮到數字變化幅度比較大，選擇 150。之所以這麼大膽的選擇，源於對數字整體變化幅度比較這一變化規律的準確把握。這種方法就是非常規方法。

方法 2：事實上，這個題目的變化規律是：

1×1×2=2	2×2×3=12
3×3×4=14	4×4×5=80
5×5×6=150	

這種類型的題目是比較古老的題目了。如果大家平時練習得比較多，是肯定能夠迅速解決之。

做數字題目的最高境界，其實是要估計一個大致的範圍就可以了。具體的精確的計算可以由電腦來解決的。方法 1 體現的正是這種整體思維方法。首先，排除答案 B、D，把選擇範圍縮小在 A、C。在縮小選擇範圍的情況下，即使亂猜，正確的幾率也是 50%。最後，根據數字變化幅度比較的特點，把 A 排除。這種方法實質就是所謂的排除法。我們不知道正確的答案，但是我們知道錯誤的答案，把全部錯誤的排除了，就得到正確的答案了。

Q2. D

【解析】4, 1, 9 都是完全平方數，後面的答案應該也是完全平方數。所以，答案 D 符合。

在考察數字變化規律題目時，一定要確定迅速準確的判斷起始數字是否為基數。像該題的 1 和 3 就是基數，基數本身不一定滿足數列的變化規律。

這個題目的變化規律是：第 2 項減第 1 項得到的差再平方等於下一項。

Q3. C

【解析】數字變化幅度大，呈幾何級數變化，因此考察平方和立方關係。這要求生對 1-30 內的所有數字的平方要特別熟悉，對 1-10 內所有數字的立方要特別熟悉。建議大家把平方表和立方表背誦好。0, 9, 26, 65 都在完全平方數附近擺動，但是 124 與 121 相差 3。因此不考察平方關係，而考察立方關係。

1×1×1-1=0	2×2×2+1=9
3×3×3-1=26	4×4×4+1=65
5×5×5-1=124	6×6×6+1=217

Q4. D

【解析】這個題目的歸規律一下子看不出來。其實是一個二級等差數列。

4-0=4	16-4=12
40-16=24	80-40=40

現在考察數列 4, 12, 24, 40, ()

12-4=8

24-12=12

40-24=16

?-40=20

?=60

所以答案應該是 80+60=140。

另外，這個題目也可以這麼分析：

因為所有數都是 4 的倍數，同時除以 4 得到

0, 1, 4, 10, 20, (a)

相連兩項求差得：

1, 3, 6, 10, (?)

這個數列就是自然數數列求和

1=1

1+2=3
1+2+3=6
1+2+3+4=10
1+2+3+4+5=15
?=15
a=35
題目答案為 35×4=140

Q5. A

【解析】根據數列波動特點，考察平方關係或者立方關係。

從平方關係角度考察：

0=0×（0×0+1）

2=1×（1×1+1）

10=2×（2×2+1）

30=3×（3×3+1）

4×（4×4+1）=68

考察立方關係：

0×0×0+0=0

1×1×1+1=2

2×2×2+2=10

3×3×3+3=30

4×4×4+4=68

Q6. C

【解析】常規方法：

假設去年研究生為 A，本科生為 B。

那麼今年研究生為 1.1A，本科生為 0.98B。

1.1A+0.98B=7650

（A+B）（1+2%）=7650

解這個方程組得 A=2500

B=5000

0.98B=4900

常規的方法在這裡顯然無法在規定的時間內解決這個題目。因此，尋求非常規的方法以取得突破成為必然要求。公務員考試中的數字運算名義上是考察運算能力，但是我們在真正的考試中是不需要動筆計算的，那樣來不及。即使動筆，是在萬不得已的情況下進行的。

非常規的方法：

假設去年研究生為 A，本科生為 B。

那麼今年研究生為 1.1A，本科生為 0.98B。

那麼答案應該可以被 98 整除。也就是說一定能夠被 49 整除。研究生的人數應該能被 11 整除。4900 顯然能被 98 整除，而 7650-4900=2750 能夠被 11 整除。所以選 C。

當然，我們提倡非常規的方法，不是說常規方法不重要，實際上在平時訓練中兩種方法都要注意。原因有二。第一，在考試中，雖然非常規方法能夠取得出奇制勝的效果，但是在那麼緊張的情況下，我們更多的想到的是常規方法，也就是我們習慣性的思維方法。第二，只有我們把握了常規思維方法，我們才能更好的運用非常規的思維方法。熟能生巧說的就是這個道理。

Q7. C

【解析】這個題目雖然考察的是數字運算，但涉及了一些物理知識。我們應該知道，分割後的小立方體也有 3/5 的體積在水面下。

我們習慣的思維是：大立方體可以被分割為 64 個小立方體。每個小立方體和水接觸的表面積是：

0.25×0.25+0.25×.06×0.25×4

64 個小立方體和水接觸的表面積是

（0.25×0.25+0.25×0.6×0.25×4）×64=13.6

非常規思維方法：　大立方體和水接觸的

表面積是：1×1+1×0.6×1×4=3.4

分割後小立方體和水接觸的 表面積應該被 3.4 除盡。所有答案中，AC 符合。而 A 是大立方體和水接觸的表面積。我們知道，分割後小立方體和水接觸的的表面積應該是大於 3.4 的。因此選擇答案 C。

Q8. B

【解析】如果前面的題目是間接考察整除，那麼這個題目是對整除的直接考察。這個問題實質就是要求我們找出 144 在 10 到 40 之間的全部約數。它們是 12, 16, 18, 24, 36，一共 5 個。因此答案選擇 B。

Q9. C

【解析】假設四種花色的撲克各有 5 張，還有兩張 Joker，這樣一共有 22 張撲克。再抽取一張撲克，就能夠保證 6 張牌同花色。所以答案是 23。

Q10. D

【解析】常規方法就是畫文氏圖，在草稿紙上面畫兩個相交的圓圈。再畫一個方框把這兩個圓圈都包括在裡面。相交部份就是他們全部作對的。

小明做對了全部題目的 3/4。假設全部題目是 X。那麼小明做對了 3X/4。共同做對了 2X/3。小強做對而小明沒有做對的有 27-2X/3。都沒有做對的應該是 11X/12-27（1）。大家根據文氏圖應該能夠很輕鬆的得出這個結論來。顯然，X 應該是 12 的倍數。當 X=36 時，（1）的結果是 6。

非常規的方法：根據題目條件，小明答對的題目佔題目總數的 3/4，可以知道題目總數是 4 的倍數；他們兩人都答對的題目佔題目總數 2/3，可以知道題目總數是 3 的倍數。因此，我們可以知道題目總數是 12 的倍數。

小強做對了 27 題，超過題目總數的 2/3。因此可以知道題目總數是 36。

共同做對了 24 題。另外有 6 道題目，小明做出了其中的 3 道，小強做出了另外的 3 道。這樣，兩人一工做出 30 題。有 6 題都沒有做出來。

Q11. D

【解析】首先，要明白每場比賽產生的分值是 2 分。

其次要明白比賽一共進行了 45 場。因此產生的分數總值是 90 分。

第三，個人選手的最高分只能是 18 分，假設 9 場比賽全部贏。根據（1）比賽第一名與第二名都是一局都沒有輸過，可以得出第一名一定和棋過。要是第一名全部贏了，那麼第二名一定輸過棋。這説明一名最多 17 分，第二名最多 16 分。

條件一：

第一名和第二名的總分最多 33 分。

當他們的總分是 33 時，第三名分數為 13 分。假設第四名為 12 分，第 7，8。9。10。名的分數和為 12 分。第五名為 11 分，第六名分數為 9 分。

當他們的總分是 33 時，第三名分數為 13 分。如果假設第四名為 11 分，那麼第 7，8。9。10。名的分數和為 11 分。第五六名的分數和為 22 分。必定有人分數高於 11 分，矛盾。在條件一下，其他任意假設也推導出矛盾來。

條件二：

第一名和第二名總分為 32 分時，第三名為 12 分。第四名最多為 11 分。 那麼第 7，8。9。10。名的分數和為 11 分。第

五名和第六名分數和為 24 分。結果推導出矛盾來。

其他條件都會推導出矛盾來。

因此，第五名的成績是 11 分。

Q12. A

【解析】常規方法：假設女生為 A，那麼男生為 1.8A；假設男生平均成績為 B，那麼女生的平均成績為 1.2B。

$$A×1.2B+1.8A×B=（A+1.8A）×75$$
$$B=70$$
$$1.2B=84$$

考試中非常規思維：答案是 1.2B，說明答案能夠被 12 除盡。能夠一下子看出來 A84 符合這一條件。雖然 87 也能夠被 12 除盡，但是一般計算不可能出現太多的小數，因此可以大膽的選擇 A。

Q13. B

【解析】根據題目條件，假設甲火車每分鐘行駛 5，乙每分鐘行駛 4。相遇時乙行駛了 4×60=240，甲行駛了（240/16）×15。甲行駛這麼多路程所用的時間為（240/16）×15/5=45 分鐘。因此。甲在 8 點 15 分出發的。

Q14. C

【解析】到 9 時 17 分時，情況是這樣的：9 時 0 分，5 分，10 分，15 分一共載了 3+3+3+4=13（15 分時船上一共有 4 人）。那麼還在等待渡河的有 32-13=19 人。

Q15. A

【解析】上午或者下午在酒店休息，記為 1 次在酒店。如果下雨不出去，整天在酒店，記為 2 次在酒店。

由於不下雨的日數是 12 天，因此這 12 天他在酒店的次數是 12 次。根據題目條件可以知道，他在酒店的次數是 8+12=20 次，扣掉不下雨的 12 次，剩下 8 次是下雨天的，下雨天呆在酒店每天記為 2 次。因此有 4 天是下雨的。

這樣答案是 4+12=16。

還有一種整體的思維方法，也能快速得出答案來。12 天不下雨，出去了 12 次。如果這 12 次不出去，那麼他上午或者下午呆在酒店一共為 8+12+12=32 天。由於每天都算了兩次，因此要除以 2。32/2=16 天。

Q16. B

【解析】假設容器的底面積分別為 5 和 4。注入同樣的水後相同的高度是 X。根據注入水的體積相等這一條件列方程式。

$$5×（X-9)=4×（X-5)$$
$$X=25。$$

答案為 B。

Q17. A

【解析】熟悉的工程問題，我們小時侯不知道做了多少遍。假設甲乙丙單獨完成分別需要 abc 小時。

$$1/a+1/b=1/10（1）$$
$$1/b+1/c=1/12（2）$$
$$（1/c+1/a)×4+12/b=1（3）$$

由（3）可以得：

$$1/a+1/c=1/4-3/b（4）$$

（1）+（2） 得 1/a+1/c+2/b=1/10+1/12（5）

把（4）帶入（5）消去 1/a+1/c 得 b=15。所以，答案為 15。

這樣計算顯然相當煩瑣。有沒有較簡潔的方法呢？實際上每一道題目都有簡單的方法。

簡便方法如下：乙丙合作 12 小時完成；甲丙兩人合作翻譯 4 小時，剩下的再由乙單獨去翻譯，需要 12 小時才能完成。假設甲每小時的工作量為 X，乙為 Y，丙為 Z。那麼總工作量可以表示為 12Y+12Z，也可以表示為 4X+4Z+12Y。

12Y+12Z=4X+4Z+12Y。X=2Z 也就是說丙 2 小時的工作量相當於甲 1 小時的工作量。

甲乙兩人合作翻譯，需要 10 小時完成；如果由乙丙兩人合作翻譯，需要 12 小時完成。由於丙 12 小時的工作量相當於甲 6 小時的工作量，我們可以得出這樣的結論：甲乙兩人合作翻譯，需要 10 小時完成；甲工作 6 小時後，乙接著工作 12 小時也可以完成。這個工作量可以表示為 10x+10y，也可以表示為 6x+12y。

10X+10Y=12Y+12Z=12Y+6X 得 到 Y=2X。

也就是說甲 2 小時的工作量相當於乙 1 小時的工作量。

因為，甲乙兩人合作翻譯，需要 10 小時完成該工作。甲 10 小時的工作量相當於乙 5 小時的工作量。因此乙單做需要 15 小時完成。

兩種方法對比，發現利用工作量來解決這個問題比較迅速。能夠避免煩瑣的計算。

Q18. A

【解析】由於每個合格玩具的收入是 5 元，因此王先生所得收入數目應該是 5 的倍數，比如 50，55，60。現在知道王先生的收入是 56 元，可能因為不合格玩具而被扣掉 4 元，或者 14 元。因此答案只能在 A、D 中選擇。如果有 7 個不合格，就算剩下的 13 個都是合格產品，王先生

的收入只能是 65-14=51 元。因此，排除答案 D。選擇 A。

Q19. A

【解析】這個題目涉及到運籌知識，真的從運籌學角度來考察這個問題，反而把問題複雜化。實際上，我們只要保證讓 10 名，9 名和 7 名搬運工跟著 3 輛汽車，就可以保證所有工廠的裝卸需求。因此總共至少需要工人 10+9+7=26 人。

Q20. D

【解析】根據題目條件，在剩下的 5 箱中餅乾的重量是麵包的兩倍，麵包重量是一份，餅乾重量是兩份，這說明剩下的東西總重量應該是 3 的倍數。

由於題目所給數字中只有 9 和 27 是 3 的倍數，者說明賣掉的面包的重量應該是 3 的倍數。為什麼？因為如果賣掉不是 3 的倍數，比如說是 8。那麼剩下的東西的重量是 9，16，20，22，27。由於 9 和 27 能夠被 3 整除，因此只需要考察 16+20+22=58 是否能夠被 3 整除。顯然不行。因此，賣掉的只能是 9 或者 27 公斤重的麵包。如果賣掉的麵包重 9 公斤，剩下東西總共 重 8+16+20+22+27=93 公 斤，其中麵包重 31 公斤。這幾個數字無論如何湊不出來 31。因此，賣掉的面包重量為 27 公斤。剩下的東西重量為 8+9+16+20+22=75 公斤，其中麵包重 25 公斤。（顯然可以湊出 9+16=25 來）。因此，當天購進麵包 25+27=52 公斤。

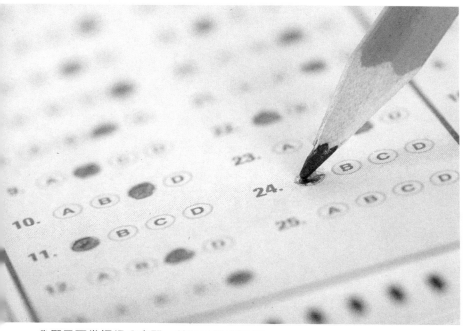

我們只要掌握得分竅門，就可以提高勝算。

PART 4

視覺空間推理

1. 幾種常見的圖形變化方式

一、去同存異

【例題】

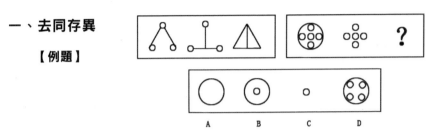

【解析】第一幅圖中第 3 個圖形由第 1 個圖形和第 2 個圖形去同存異所得到。按照這個方法將第二幅圖中的前兩個圖形去同存異得到選項 A。

二、異中求同

【例題】

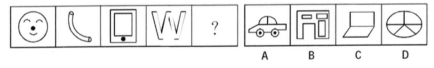

【解析】特徵屬性求同

圖形的特徵屬性求同，即在對題幹圖形完成觀察後，對題幹圖形的特幹屬性加以比較，尋找它們的共同點，由此找到圖形推理規律，特徵屬性求同應用十分廣泛，在順推型圖形推理、九宮格圖形推理、分類型圖形推理中應用十分有效。

題目的題幹圖形差異較大，都有封閉區域，但在數量上不構成規律。考慮其整體特徵，發現題幹圖形都是軸對稱圖形，選項中只有 D 項符合，答案為 D。

三、同中求異

【例題】

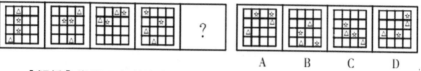

【解析】當題目中所給的一組圖形在構成上有很多相似點或形式上表現一致，但是通過「求同」不能解決問題時，就需要在同中求異，通過對比尋找圖形間的差別，又或者圖形間的轉化方式來解決問題。

首先整體來看題幹所給出的圖形的組成元素及其個數，都是由 2 個星星和 2 個三角形分布在 4×4 的方格中構成的，圖形的構成元素相同、元素的個數也相同，圖形表現出的唯一不同是這些小圖形在方格內的位置不同。

分別來看，所有的三角形都分布在表格的邊界上，所有的星星都在方格的對角線上，這樣就找到了圖形組成元素在位置分布上的規律，結合選項，符合這個規律的只有 D 項。

四、觀察圖中線條的交點

【例題】

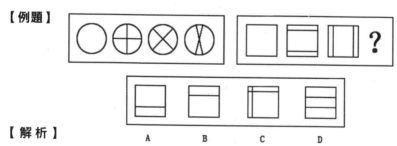

【解析】

兩幅圖的第 1 個圖形都是封閉圖形。第一幅圖的後 3 個圖形是在封閉圖形的內部加上兩條相交直線，第二幅圖形的後 3 個圖形應是在封閉圖形的內部加兩條不相交的直線，選 D。

五、分析圖形中的接觸點數

【例題】

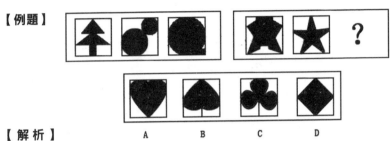

A B C D

【解析】第一幅圖中的三個圖形中的黑色部份和邊框都有 4 個接觸的地方。第二幅圖中的前兩個圖形的黑色部份和邊框都有 5 個接觸的地方，A 選項符合。

六、考察圖形中相同物體的旋轉

【例題】

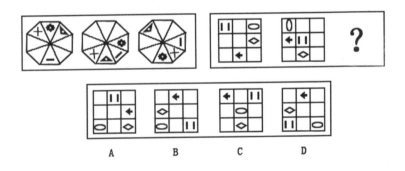

A B C D

【解析】第一幅圖中的四種符號按如下方式變化：「加號」每次逆時針移動兩格，「減號」每次逆時針移動一格，「三角形」每次順時針移動三格，「圓形」每次順時針移動兩格。第二幅圖中「豎線」由上至下在對角線上移動，「菱形」和「箭頭」圍繞邊框每次順時針移動兩格，「橢圓」圍繞邊框每次逆時針移動兩格。

七、考察圖形的水平移動

【例題】

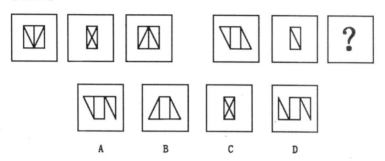

A   B   C   D

【解析】第一幅圖中,將第 1 個圖形看成左右兩個部份,分別向右,向左移動,順次可以得到第 2 個,第 3 個圖形。第二幅圖中,將第 1 個圖形看成三部份,中間的不動,左右兩邊的相向移動,先會得到第二個圖形,接下來將得到如 D 選項所示的圖形。

八、構成元素求同

【例題】

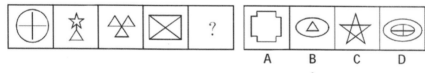

A   B   C   D

【解析】圖形的構成元素求同,即從題幹圖形的構成元素或組成部份出發,尋找它們的共同點,由此找到圖形推理規律。

第二個圖形較為特殊,含有較多的線條以及交點,並形成了 2 個封閉區域,觀察前後兩個圖形,發現前一個圖形含有 1 個封閉區域,後一個圖形含有 3 個封閉區域,由此確定本題規律為圖形中的封閉區域數分別為 1、2、3、4、(5),由此選擇 D。

九、尋找轉化方式

【例題】

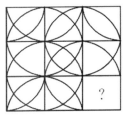 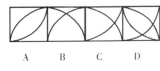

【解析】通過對比一組圖形在元素的構成、排列、位置等方面的差異，確定題幹圖形間的轉化方式。

這道題目在整體形式上迷惑性很大，圖形整體看上去可以組成以中心的四個點為圓心的圓，如果這樣考慮，會首先把 B 項排除，但不能找出可信的規律區分其他三個選項。

從圖形的元素構成來看，題幹圖形都是由 2 條、3 條或 4 條連接正方形頂點的曲線構成的，圖形間最大的差異是曲線的方向。對比發現，每行三個圖形中不存在完全相同的線條，每行前兩個圖形具有相同的線條，而且這些相同的線條在第三個圖形中都不出現，據此可以確定此題的規律是每行前兩個圖形疊加去同存異得到第三個圖形，B 是正確答案。

十、特徵分析

特徵分析法是從題幹中的典型圖形、構成圖形的典型元素出發，大致確定圖形推理規律存在的範圍，再結合其他圖形及選項猜證圖形推理規律的分析方法。

【例題】

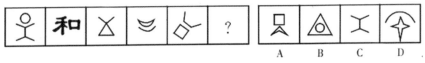

【解析】題幹共五個圖形，其中第二個圖形是一個漢字，其他圖形均為規則的線條類圖形。顯然，第二個圖形是特殊的，從它入手。出現漢字且不全為漢字，首先考慮封閉區域數，很顯然題幹圖形有且只有一個封閉區域，選項中只有 D 符合，故答案為 D。

2. 圖形推理中大小元素圖形的變化

近年的圖形推理問題有一個命題趨勢，那就是多考察大圖形內的小圖形，考察那些小圖形和小細節的變化規律，或者是找那些小圖形的相同點或相差點。

1.【例題】

【解析】這道題的每個圖形都是一個大圖形包含著一個小圖形，我們就要考察大圖形和裡面

的小圖形之間的變化規律。這樣容易發現，前面的小圖形和後面的大圖形形狀是相同的。第三個小圖形和第一個的大圖形的形狀是相同的。這就很容易選出答案 D。

2.【例題】

【解析】這道題中間的十字線沒有變化，也比較容易知道考察的就是那些小圖形的變化規

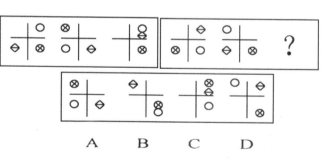

律。對於這種題型，我們可以分別考慮每一種小圖形的變化規律。比如前三幅圖的空心圓的變化規律，那就是順時針（或者逆時針）依次移動兩個格。比如菱形菱形的變化規律，那就是逆時針依次移動一個格。同理，只要這樣依次考慮每種小圖形的變化規律，答案就很容易得出了。

這種題型需要注意的一點就是，它每種小圖形的變化規律未必是相同的，比如空心圓的變化規律和菱形的變化規律就是不同的，但是這並不影響我們答題，我們只要找到每個小圖形的變化規律就可以把題做出了。還需提醒一下，如果出現答案 BC 這種一個格中兩個圖形的情況也沒關係，這是允許的，千萬不要因此就把 B、C 排除掉。實際上，本題的答案就是選擇 C。

3. **【例題】**

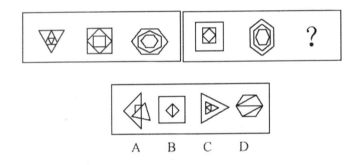

　　【解析】這道題和上題的區別就在於它考察的是一張圖中的大圖形和小圖形之間的關係。前三幅圖裡面最外層和最內層的圖形是相同的，第二幅圖中最外層和中間層的圖形是相同的。

　　總之，我們需要分別把握每種小圖形的變化，或者是不同大圖形之間的小圖形的變化，或者是一個大圖形中不同小圖形的變化。有時候雖然也有大圖形的變化規律，但是只要我們把握了小圖形的變化規律，就可以把整個題做出，這也是一個答題的捷徑。這些問題都考慮到了，那做此類題就很容易了。

　　圖形推理中的數量型題目總體分為兩類，一類是通過數點、線、角、面的數量，找出其中的規律；另一類是小圖形換算題，即先將題目中的小圖形轉換成同一個形狀，然後再找各項之間的數量性關係。顯然，後者的難度較大，我們應該重點去研究這類題目的解題思路，而不僅僅是依賴所謂的「敏感性」。

　　下面介紹一種方法，輕易幫你搞定小圖形換算類的題目：首先，我們先來分析：對於小圖形換算類的題目，將圖形換算成同一種形狀之後，各項之間的數量性關係，無非就是等差或者等比數列，所以我們就可以根據等差數列或者等比數列的性質來「逆推」，從而找出小圖形之間的換算關係。

　　在公務員的考試中，由於絕大多數的小圖形換算題目之間的數量關係都是成等差數列的，所以我們可以先考慮應用等差數列的特殊性質進行解題。那麼，具體應該如何運作呢？

1.【例題】

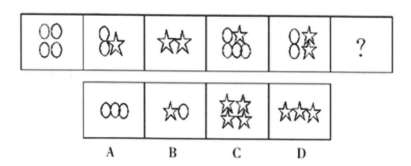

　　【解析】假設小圓 =1，五角星 =x，則利用等量關係，可以得到：4+(4+x)=(2+x)+2x，解之，x=3。所以各項之間的數字規律為：4，5，6，7，8，(9)。所以答案選 D。

2.【例題】

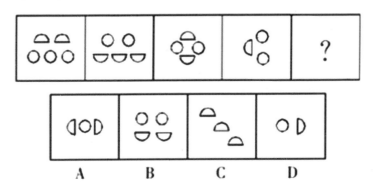

【解析】假設半圓 =1，小圓 =x，則利用等量關係，可以得到：
(2+3x)+(1+2x)=(3+2x)+(2x+2)，解之，x=2。所以各項之間的數字規
律為：8，7，6，5，(4)。所以答案選 A。

3.【例題】

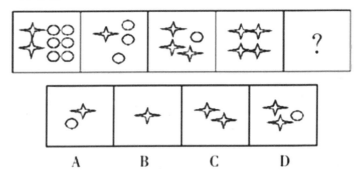

【解析】假設星星 =1，小圓 =x，則利用等量關係，可以得到：
(2+6x)+4=(1+3x)+(3+x)，解之，x=-1，應該捨去，所以它們之間的數
量關係不是等差數列。

接下來我們利用等比的特殊性質進行求解：假設星星 =1，小圓 =x，
則利用等量關係，就可以得到：(2+6x)x4=(1+3x)x(3+x)，解之：x=5 或
者（捨），所以各項之間的數字規律為：32, 16, 8, 4, (2)，答案選 C。

3. 圖形推理陌生考點應對技巧

在公務員考試中，圖形推理的數量約在 10 道。而且有大概一半的題目我們是可以很快就看出考點和規律的。當然，掌握考點和規律這是需要在前面的備考練習中慢慢積累。以下就為大家提供一些方法：

一、先觀察整體後看局部

這要求我們找到視覺衝擊點，比如有些題目總不能用傳統的樣式、位置、數量來概括，其實我們也可以破題，看到圖形間的相同，就比較圖形間的不同，從而找到規律。比方推理路線，如九宮格，看是橫排看，還是豎列看，或者甚至是對角線，總之判別題目的大方向再去驗證。

【例題】

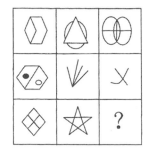 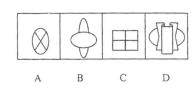

【答案】B

【解析】觀察到圖形線的特徵明顯，整體數所有線沒有規律，但觀察發現已知 8 個圖形都含有直線，故本題很可能為數直線，直線數成什麼規律呢？若從第一行數起，前面數量較多，不好得出結論，但若從最小的數起找，規律便會快很多。最少的直線數為第二行第三個圖 1，再其次為第一行第三個圖 2，⋯⋯最後即可找出 S 形的規律，故此題應該選直線數為 0 的答案，即 B。

二、突破定式思維

【例題】

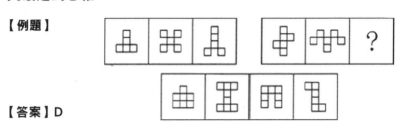

【答案】D

【解析】本題易陷入錯誤思路：對稱性的考察。其實考查數量類。第一組圖形分別都有 5 個封閉空間，第二組圖形前兩個都有 6 個封閉空間，所以答案選 D 項。

三、數量類的綜合考察增加

【例題】

【答案】D

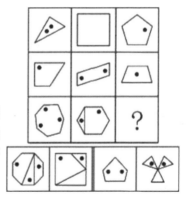

【解析】本題考查數量類。縱向來看，前兩個圖形中黑點的數量之和為第三個圖形中黑點的數量，並且前兩個圖形內角的數量之和為第三個圖形中內角的數量，所以答案選 D 項。

四、注意細節

【例題】

【答案】D

【解析】本題正確答案為 D 項。考生易錯選 A項，圖形最先表現出來的規律是相加，但是箭頭方向發生了變化，就是說相加後逆時針旋轉了 90 度。所以答案為 D 項。

4. 圖形形式數字推理

我們知道，無論是何種形式的圖形形式的數字推理，其考查的規律都是關於數字之間的運算關係，所以解題時分析也就圍繞運算關係展開。而在圖形形式數字推理中，由於數字較少，分析方法也就相對簡單。

以下歸納了以下幾個考慮的角度，結合例題予以說明。由於解題環境各不相同，普遍之中難免例外，還望考生自己多加琢磨，此處僅拋磚引玉。

一、分析四周數字之和與中心數字的大小關係

如果四周數字之和小於中心數字，則四周數字的運算過程很有可能涉及乘法運算，否則，就應該優先考慮減法或除法運算。這種分析雖然過程簡單，但有利於確定大致的方向。

【例題】

【答案】 B

【解析】 從前

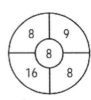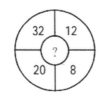

兩個圖形來看，四周數字之和遠大於中心數字，這時需要將四周數字分組，優先考慮它們之間的減法或除法運算。

第一個圖形中有 24、12、6，第二個圖形中有 8、8、16，這些數都為除法創造了條件。若在第一個圖形中，$24 \div 12$；則在第二個圖形中，$8 \div 16$，得到的是小數，由此否定這條路。即應該是 $24 \div 6$，得到 4，和中心數字 6 相差 2，2 可由 12 和 10 得到，此題便得到了解決。

第一個圖形中，$24 \div 6 + 12 - 10 = 6$；第二個圖形中，$8 \div 8 + 16 - 9 = 8$；第三個圖形中，$32 \div 8 + 20 - 12 = （12）$。

二、分析圖形中最大的數

在數字推理中，幾個數字運算得到另一個數字，通常都是幾個較小的數運算得到一個較大的數。如果幾個較小的數字運算得到一個遠大於它們的數，則一定要通過乘法等使數字增大的運算。因此我們可以以圖形中最大的數字作為突破口，尋找運算關係。

【例題】

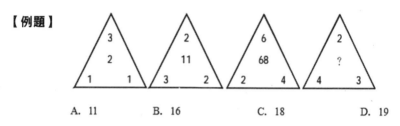

A. 11　　　B. 16　　　C. 18　　　D. 19

【答案】D

【解析】圖形中最大的數字是第三個圖形中 68，它由 6、2、4 三個數字運算得到，68 遠大於這三個數字的和，考慮乘法運算，三個數字的積是 6×2×4=48，仍然小於 68，由此確定應該考慮使數字變化更快的乘方運算。68 附近的多次方是 64，考慮到這些，這個題目就不難解決了。

三、分析圖形中的質數

質數由於只能被 1 和它本身整除，它們在運算過程中，更多的時候，要涉及加法或減法運算，這是我們分析圖形中質數的原因。

【例題】

1.

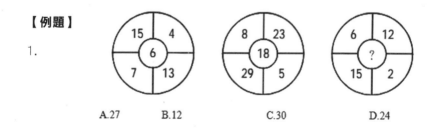

A.27　　　B.12　　　C.30　　　D.24

【答案】B

【解析】前兩個圖形中的質數較多，在第一個圖形中 7、13 等質數都大於中心數字 6；在第二個圖形中 23、29 都大於中心數字 18；顯然四周數字運算時，涉及到這些質數的倍數的可能性不大，這些質數更大可能是要進行加法、減法運算。

按照這種思路，不難確定此題規律。第一個圖形中，（15 − 13）×（7 − 4）=6；第二個圖形中，（8 − 5）×（29 − 23）=18；第三個圖形中，（6 − 2）×（15 − 12）=（12）。

2. **【例題】**

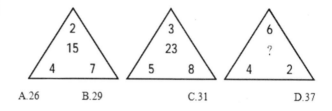

A.26　　　　B.29　　　　　　　C.31　　　　　　　D.37

【答案】A

【解析】第一個圖形中有質數 7，中心數字是 15，它不是 7 的倍數，則 7 在運算過程中極有可能涉及加法或減法；第二個圖形中，中心數字 23 是質數，它由 3、5、8 運算得到，運算過程中也極有可能涉及加法或減法。

此題三個數運算得到第四個數，這些簡單的運算關係相信大家通過數列形式數字推理的學習，已經很熟悉了。第一個圖形中，2×4 + 7=15；第二個圖形中，3×5 + 8=23；第三個圖形中，6×4 + 2=26。

5. 圖形推理字母題

字母是公務員考試中常考的另一種題型，字母也逐漸成為出卷員的一個新方向。

字母題有以下五個考點：

一、字母間隔數

主要考察的是題幹中字母與字母之間間隔的字母數，觀察這些間隔字母數存在什麼樣的規律。

1.【例題】

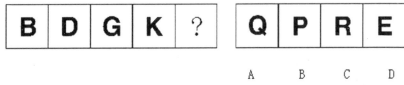

A   B   C   D

【答案】B

【解析】B 與 D 之間隔 1 個字母，D 與 G 之間隔 2 個字母，G 與 K 之間隔 3 個字母，K 與 P 之間隔 4 個字母，間隔字母數分別為 1、2、3、4，遞增規律，所以選 B。

2.【例題】

【答案】C

【解析】本題的解題規律是字母的間隔數。在第一行中， A 和 C、C 和 E 之間都隔了一個字母；在第二行中，B 和 E、E 和 H 之間都隔了兩個字母；依次規律，第三橫行中，字母間都隔了三個字母，即問號處為字母 K，故選 C。

3.【例題】

【答案】B

【解析】第 1 組圖按 26 個字母排列，K、M、O，3 個字母之間隔 1 個字母排序，如此類推，F 後隔 1 位是字母「H」，所以選 B。

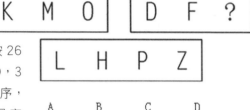

二、曲直性

曲直性主要考察圖形是由曲線構成，還是由直線構成，還是由曲線和直線共同構成。

1.【例題】

【答案】A

【解析】第 1 組圖形只有 1 個含有曲線，第 2 組圖已有 1 個圖含有曲線，應選擇由直線組成的圖形，所以選 A。

2.【例題】

【答案】C

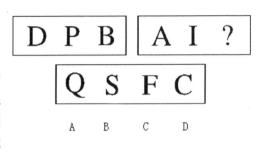

【解析】第一組圖形中的三個字母是由直線和曲線組成，第二組圖形中前兩個字母都由直線組成，問號處的字母也應該是由直線組成，所以選 C。

三、一筆劃

「一筆劃」是圖形推理當中較難的一個考題形式，但只要掌握了圖形規律，就能夠輕鬆應對此類題型。

【例題】

【答案】A

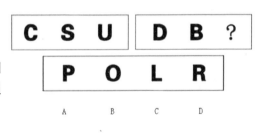

【解析】第 1 組 3 個圖形都可由 1 筆劃成，第 2 組 3 個圖形都可由 2 筆劃成，故選 A。

四、對稱性

圖形推理的對稱性考點主要考察考生對對稱圖形的了解程度和考生的觀察能力，考生需要了解什麼是軸對稱圖形和中心對稱圖形。

【例題】

【答案】B

【解析】圖中前三個字母都是軸對稱的，因此第四個字母也應是軸對稱的，所以選 B。

五、數量類

考察圖形構成元素的數量，比如直線數或者曲線數；也會考察字母的位置；或者還會涉及到封閉面。

1.【例題】

【答案】A

【解析】第 1 組圖形都含有 2 條直線，第 2 組圖形都含有 3 條直線，所以選 A。

2.【例題】

【答案】B

【解析】第 1 組圖在字母表裡所處的位置為 2、5、8，是一個公差為 3 的等差數列；第 2 套圖的字母所處的位置為 9、12，下一個字母所處的位置應該為 15，15 所對應的字母為 O，所以選 B。

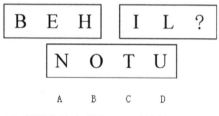

3.【例題】

【答案】D

【解析】第一段題幹的三個圖形中封閉面的個數依次為 0、1、2，呈遞增規律；第二段的第一個圖形和第二個圖形的封閉面分別為 0、1，因此第三個圖形的封閉面數量應該為 2，所以選 D。

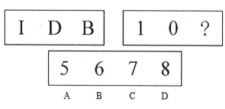

6. 位置型圖形推理題

　　位置型圖形推理是公務員考試中的必考題型，此類題主要考查圖形整體或組成部份的移動、旋轉以及翻轉轉化，其解題的核心就是要找到圖形位置間的轉化關係。

　　位置型圖形推理一般具有三個特點：

　　1. 圖形的組成元素完全相同，只是組成元素間的相對位置不同，對比分析組成元素的位置變化。

　　2. 圖形中的一部份組成元素的位置相同，另外的組成元素的位置不同，此時以位置相同的組成元素為參照，對比分析位置不同的組成元素間的變化。

　　3. 圖形中的組成元素基本相同，但不完全相同，此時應考慮位置變化後產生了疊加。

　　但亦有三個地方需要關注：

一、圖形移動

　　圖形移動是考查最多的位置型的圖形推理。圖形移動只是圖形位置的改變，而不會改變圖形的大小和形狀。

【例題】

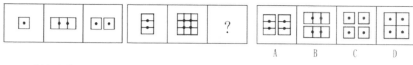

【答案】A

【解析】題幹圖形組成相似，但不完全相同，從第一組後兩個圖形可知考查的是小圖形的移動，解題的關鍵是將每組第一個圖形看成兩個相互重疊的小圖形。第一組圖形中是兩個重疊的方框分別向兩邊移動後得到第二個和第三個圖形；第二組也符合這一規律，故答案為 A。

二、圖形旋轉

圖形旋轉有兩種考查形式，即圖形的組成元素旋轉和圖形整體旋轉。要做對圖形旋轉題，就是要確定兩個要素：旋轉的方向和角度。圖形旋轉在公務員考試中經常涉及。

【例題】

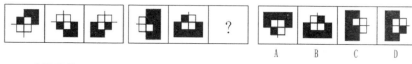

【答案】C

【解析】每組圖形組成元素相同，只是所處的位置不同，很明顯考查的是圖形的旋轉變化。外部陰影順時針旋轉 90°，田字格逆時針旋轉90°，得到後面的圖形。故答案為 C。

三、圖形翻轉

圖形翻轉相對簡單，這類題型就是要確定翻轉的方式，是左右翻轉還是上下翻轉。在公務員考試中圖形翻轉考查得相對較少。

【例題】

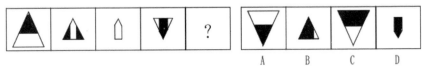

【答案】C

【解析】以題幹第三個圖形為中心，第二個圖形上下翻轉、陰影互換得到第四個圖形，第一個圖形上下翻轉、陰影互換得到第五個圖形，答案為 C。

視覺空間推理練習題 Q1-20

Q1.

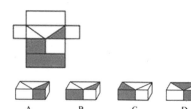

Q2.

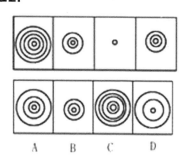

Q3.

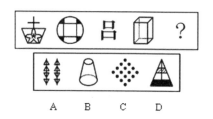

Q4.

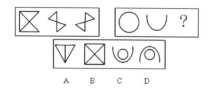

Q5.

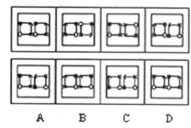

Q6.

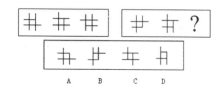

Q7.

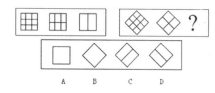

Q8.

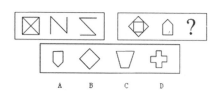

Q9.

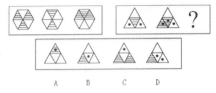

A B C D

Q10.

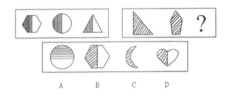

A B C D

Q13.

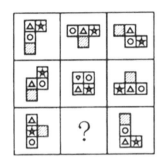

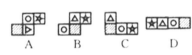

A B C D

Q11.

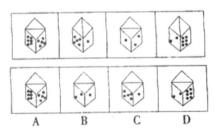

A B C D

Q14.

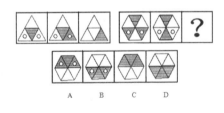

A B C D

Q12.

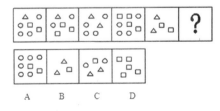

A B C D

Q15.

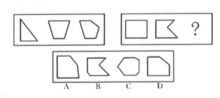

A B C D

Q16.

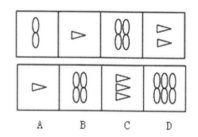

A   B   C   D

Q19.

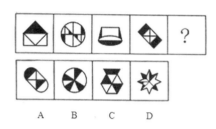

A   B   C   D

Q17.

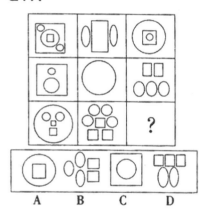

A   B   C   D

Q20.

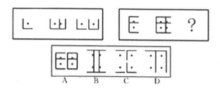

A   B   C   D

Q18.

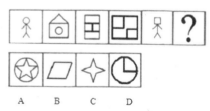

A   B   C   D

答案及解析

Q1. B
【解析】觀察 4 個選項可知，完全陰影的部份應為空間圖形的底部。由此可知，空間圖的前部份應為左邊陰影，右邊空白。

Q2. C
【解析】圖形應該以第三個圖形為對稱點，所以第五個圖形應與第一個相同，故選 C。

Q3. D
【解析】圖中第一、三個圖形只有一條對稱軸，第二、四個圖形有兩條或兩條以上對稱軸，根據這一規律，第五個圖形也應只有一條對稱軸。答案選擇 D。

Q4. A
【解析】仔細觀察圖形，發現第一套圖的各個圖形都可以由一筆畫成，根據這個規律可知正確答案是 A。

Q5. D
【解析】題中圖形左半部遵循翻轉規律，右半部遵循順時針 90 度旋轉規律，依此規律，本題正確答案為 D。

Q6. A
【解析】第一套圖中的三個圖形都是由三個長線段、一個短線段組成；第二套圖中的前兩個圖都是由兩個長線段、兩個短線段組成，且短線段是互相垂直的。由此可推知正確答案為 A。

Q7. B
【解析】觀察第一套圖中的三個圖形會發現它們都是左右對稱的，且三個圖的外形都是正方形。第二套圖中前兩個圖形也是左右對稱的，且外形都是菱形。所以，第二套圖中第三個圖也應是左右對稱的，而且外形應為菱形。因此答案為 B。

Q8. A
【解析】兩套圖中的圖二、圖三都是圖一的某一組成部份，且圖二與圖三的筆劃數相同。故答案為 A。

Q9. B
【解析】第一套圖中的第三個圖是由前兩個圖疊加後除去相同部份而成，第二套圖也呈現同樣的規律，故 B 正確。

Q10. C
【解析】觀察第一套圖發現所有圖形左半邊都是陰影，第二套圖中圖一、圖二都是陰影，推知第三個圖形也全為陰影，故答案為 C。

Q11. A
【解析】可以看成是一個刻有點數的立方體依次順時針旋轉。

Q12. C
【解析】本題屬於數量類。解答該題的關鍵是找出方塊、圓和三角的數量關係。圖 2 與圖 1 相比，少了 2 個圓，多了 1 個方塊，假設 1 方塊 =2 圓，圖 3 與圖 1 相比，少了 2 個方塊，多了 1 個三角，假設 1 三角 =2 方塊，將兩個元素替換關係聯立，得到 1 三角 =2 方塊 =4 圓，通過圖 4、圖 5 進行驗證，假設成立，因為所有圖形所代表的數量是相同的，根據元素替換關係，C 項代表的數量與前面 5 個圖相同，所以本答案是選項 C。

Q13. D
【解析】陰影格指示方向，從左上角的圖形開始逆時針旋轉，最後指向中間的四方

格圖形，故問號處圖形的陰影部份應指向右，在最右邊，選 D。

Q14. D

【解析】所給圖形元素不完全相同，元素相似看樣式，這是一道「黑＋白」的題目。第一組中相同位置上的元素疊加，得規律，白＋白＝白，黑＋黑＝白，白＋黑＝黑，圓＋圓＝消去。第二組按此規律定位答案。

Q15. B

【解析】此題的解題思路為圖形的邊數。第一組中的圖形邊數依次為 3、4、5，第二組圖中圖形的邊數依次應為 4、5、6，因此所求「？」處圖形應為 6 邊形，答案為 B。

Q16. D

【解析】觀察整套圖形可以發現，圖形的規律是圖案是間隔著遞增的，依此規律可知答案為 D。

Q17. B

【解析】題幹各圖形中，圓的數量都比方形多一個，故選 B。

Q18. A

【解析】本題屬於數量類。圖形中直線的數量分別為 5、6、7、8、9，問號中應為 10。所以選擇 A 選項。

Q19. D

【解析】所給圖形元素相對較亂，元素凌亂數數量。陰影是這道題目的特殊元素，優先數陰影，依次為 1、4、3、2，成亂序規律，補充陰影個數為 5 的，定位答案。

Q20. A

【解析】此題的解題思路為圖形的形狀。第一組圖形中三個圖形關係為第三個圖形是第一個圖形和第二個圖形的部份組成，並且是各自的左半部份，因此第二組圖中第三個圖形也應該是第二組圖形中前兩個圖形的左半部份來組成，故答案為 A。

PART 5

機械知識推理

機械推理是投考消防及救護員考試中的題型之一，主要考查考生對物體機械運動及其規律的理解與判斷能力。在每一道機械推理題中，命題者都會建立一個物體作機械運動的模型，然後要求考生根據自己所掌握的物理學知識，對該物體運動所遵循的規律及影響該物體運動的各個要素作出明晰的判斷。

機械知識推理練習題 Q1-27

Q1. 如圖所示，一根輕彈簧下端固定，豎立在水平面上。其正上方 A 位置有一個小球。小球從靜止開始下落，在 B 位置接觸彈簧的上端，在 C 位置小球所受彈力大小等於重力，在 D 位置小球速度減小到零。

下列對於小球下降階段的說法中，正確的是：

A. 在 B 位置小球動能最大

B. 在 C 位置小球動能最小

C. 從 A 到 D 位置小球重力勢能的減少小於彈簧彈性勢能的增加

D. 從 A 到 D 位置小球重力勢能的減少大於小球動能的增加

Q2. 如圖所示，完全相同的兩根彈簧，下面掛兩個質量相同、形狀不同的實心鐵板，其中甲是立方體，乙是球體。現將兩個鐵塊完全浸沒在某鹽水溶液中，該溶液的密度隨深度增加而均勻增加。待兩鐵塊靜止後，甲、乙兩鐵塊受到的彈簧的拉力相比，（　）。

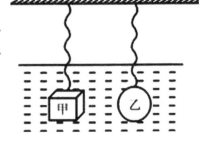

A. 一樣大　　　B. 甲比較大　　　C. 乙比較大　　　D. 無法確定

Q3. 一個用非鐵磁性物質製成的天秤（包括天秤盤），可認為它不受磁力影響。左盤中央放一鐵塊 A，其上方不遠處有一固定在支架上的電磁鐵 B（支架也放在左盤上）。未通電時，天秤平衡，給 B 通電後，在鐵塊 A 被吸起離開天秤盤但未碰到 B 的上升過程中，天秤的狀態為：

A. 右盤下降

B. 仍保持平衡

C. 左盤下降

D. 無法判斷

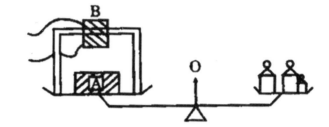

Q4. 圖中四個齒輪中，（ ）每分鐘轉的次數最多。

A. A

B. B

C. C

D. D

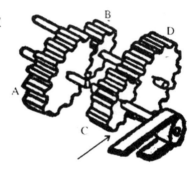

Q5. 下列四種情形中，不可能發生的現象是：

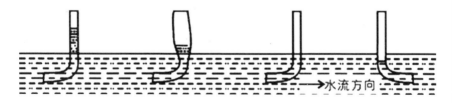

水流方向

Q6. 下面四個水壩中，能承受水壓最大的是：

壓力方向 ⟶

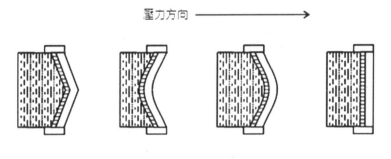

Q7. 如圖所示，人沿水平方向拉牛，但沒有拉動。下列說法正確的是：

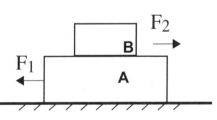

A. 繩拉牛的力與牛拉繩的力是一對平衡力

B. 繩拉牛的力與地面對牛的摩擦力是一對平衡力

C. 繩拉牛的力小於牛拉繩的力

D. 繩拉牛的力小於地面對牛的摩擦力

Q8. 如圖所示，木塊 A 和 B 分別受到大小為 10N 和 5N 的兩個拉力，且在地面上保持靜狀態。則下列說法正確的是：

A. F2 與 A 對 B 的摩擦力是作用力和反作用的關係

B. A 受到地面的摩擦力為 15N

C. 如果 F1=15N 時，A 和 B 恰好開始同時向左運動，則 A 和 B 在地面作勻速直線運動時受到的摩擦力是 10N。

D. 如果撤銷 F2，保留 F1，A 和 B 仍然保持靜止狀態，則此時 A 和 B 之間不存在摩擦力。

Q9. 如圖所示，將一個球放在兩塊光滑斜面板 AB 和 CD 之間，兩板與水平面夾角相等，現在使兩板與水平面夾角 α 以相同的速度逐漸減小，則球對 AB 的壓力將：

A. 先增大後減小，最後為零。

B. 逐漸增大，最後為零。

C. 先減小後增大，最後為零。

D. 逐漸減小，最後為零。

Q10. 兩個重量相同的實心鉛球和棉球，將它們用細線分別掛在兩個同樣的彈簧秤下並浸入水中，比較這兩個彈簧秤的讀數是：

A. 掛鉛球的大

B. 掛棉球的大

C. 兩者一樣

D. 無法確定

Q11. 圖中各齒輪中，旋轉得最慢的是：

A. A

B. B

C. C

D. D

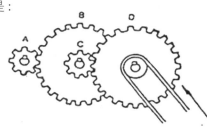

Q12. 如圖所示，人沿水平方向拉牛，但沒有拉動。下列說法正確的是：

A. 繩拉牛的力與牛拉繩的力是一對平衡力

B. 繩拉牛的力與地面對牛的摩擦力是一對平衡力

C. 繩拉牛的力小於牛拉繩的力

D. 繩拉牛的力小於地面對牛的摩擦力

Q13. 三個同種材料做成的實心圓柱體，高度相等，甲的質量是 12kg，乙的質量是 14kg，丙的質量是 18kg，把它們豎直放在水平面上時，對地面的壓強的大小，下列說法正確的是：

A. 甲最大

B. 丙最大

C. 三個一樣大

D. 無法確定

Q14. 如圖所示，一個圓柱形的容器，底部和側壁分別有一個木塞 A 和 B，A、B 排開水的體積相等，則以下說法正確的是：

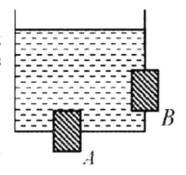

A. A 塞受到的浮力大於 B 塞受到的浮力

B. A、B 兩塞所受到的浮力相等

C. A、B 兩塞均不受浮力

D. 只有 A 塞受到的浮力為零

Q15. 如圖所示，電動汽車沿斜面從 A 勻速運動到 B，在運動過程中：

A. 動能減小，重力勢能增加，機械能不變。

B. 動能增加，重力勢能減小，機械能不變。

C. 動能不變，重力勢能增加，機械能不變。

D. 動能不變，重力勢能增加，機械能增加。

Q16. 一個人用力沿水平方向推著一個重 500N 的木箱在地板上勻速前進，如果木箱受到的摩擦力是 200N，那麼人的推力是多少？木箱所受到的合力是多少？

A. 200N，200N

B. 500N，700N

C. 500N，300N

D. 200N，0N

Q17. 如圖所示，三個形狀和容積都不同的容器，底面積相等，分別盛有深度相等的某種液體，則以下說法正確的是：

A. 液體對底面的壓力和壓強都不相等

B. 液體對底面的壓強相等，壓力不相等

C. 液體對底面的壓力相等，壓強不相等

D. 液體對底面的壓力和壓強都相等

Q18. 如圖所示，水平地面上的物體，在水平恆定的拉力 F 的作用下，沿 A、B、C 方向做加速運動，已知 AB 段是光滑的，拉力 F 做功 W1，BC 是粗糙的，拉力 F 做功 W_2，則 W_1 和 W_2 的關係是：

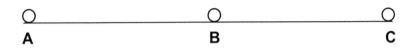

A. $W_1=W_2$

B. $W_1>W_2$

C. W_1

D. 無法確定

Q19. 用手握住一個啤酒瓶，啤酒瓶的開口向上靜止在手中不動，以下各種説法中錯誤的是：

A. 啤酒瓶能夠靜止在手中，是由於受到靜摩擦力的作用。

B. 隨著手握啤酒瓶的力的增大，瓶子所受到的靜摩擦力也增大。

C. 若啤酒瓶原來為空瓶，那麼向瓶內注水的過程中瓶仍靜止；即使手握瓶的力大小不變，瓶所受到的靜摩擦力也將增大。

D. 如果手握啤酒瓶的力減小，則瓶子與手之間能夠產生的最大靜摩擦力的數值也將減小。

Q20. 以下關於潛水艇的浮沉，説法正確的是：

A. 潛水艇越往下沉，受到液體壓強越大，受到浮力越小。

B. 潛水艇下沉的原因是浮力減小，當浮力小於重力就下沉。

C. 潛水艇從浮起直到露出水面之前，所受浮力不斷減小。

D. 潛水艇在水裡下沉和上浮的過程中，浮力不會改。

Q21. 豎直向上拋出一個皮球，皮球上升到最高點之後又落回地面，撞擊地面後又彈起，則下列說法中正確的是：

A. 由於慣性，皮球能上升；慣性消失，皮球開始下落。

B. 上升階段皮球動能不斷減小，勢能也不斷減小。

C. 不計空氣阻力，在空中運動的皮球機械能總是在減小。

D. 皮球接觸地面的過程中，彈性勢能先增大後減小。

Q22. 某彈簧測力計的一端受到 400N 的拉力作用，另一端也受到 400N 的拉力作用，那麼該彈簧測力計的讀數是：

A. 200N

B. 800N

C. 400N

D. 0N

Q23. 起重機用 5050N 的力向上吊起質量為 500kg 的一個鋼件，這個鋼件受到的合力是：（g 取 10N/kg）

A. 大小為 50N，方向豎直向上。

B. 大小為 4550N，方向豎直向上。

C. 大小為 50N，方向豎直向下。

D. 大小為 4550N，方向豎直向下。

Q24. 如圖所示，船由下游通過船閘駛向上游，A、B 是兩個閥門，C、D 是兩個閘門，若船要通過該船閘，那麼四個門打開和關閉的順序應該是：

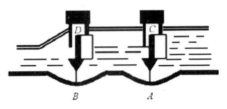

A. 打開 C，打開 B，關閉 B，打開 D，關閉 C，打開 A。

B. 打開 A，關閉 A，打開 B，打開 D，關閉 D，打開 C。

C. 打開 B，打開 D，關閉 D，關閉 B，打開 A，打開 C。

D. 打開 D，打開 B，打開 A，關閉 A，關閉 D，打開 C。

Q25. 如圖，槓桿 AOB，O 為支點，A 端掛一重物 G，要使槓桿平衡，在 B 端加力最小的是：

A. F₁

B. F₂

C. F₃

D. F₄

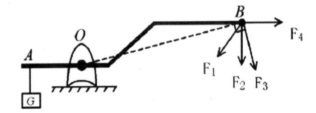

Q26. 用繩子拴住一個小球在光滑的水平面上做圓周運動，若繩子突然斷了，小球將：

A. 在瞬間繼續保持原來的圓周運動狀態。

B. 保持繩斷時的速度做勻速直線運動。

C. 小球運動速度減小，且保持直線運動。

D. 小球運動速度變大，且繼續做圓周運動。

Q27. 完全浸沒在水中的乒乓球，放手後從運動到靜止的過程中，其浮力大小變化情況是：

A. 浮力不斷地增大，直到到達水面靜止之後，與重力相等。

B. 浮力在水面之下不會改變，而且大於重力，露出水面靜止後浮力小於重力。

C. 浮力先不變，後變小，且始終大於重力，直到靜止時，浮力等於重力。

D. 浮力先變大，然後保持不變，且大於重力，到靜止時，浮力等於重力。

答案及解析

Q1. C

【**解析**】本題考查的是動能，重力勢能，彈性勢能的守恆。小球在 A 點只有重力勢能，小球在 B 點接觸彈簧，在 C 點受到的彈力等於重力，所以在從 B 到 C 的過程中，小球仍有向下的加速度，但是加速度越來越小，小 C 點時加速度為 0，速度到達最大值，也就是動能達到最大值，所以 A、B 均錯誤。在從 C 到 D 的過程中，小球受到的重力小於彈簧的彈力，合力向上，小球做減速運動，到 D 點時動能為 0，重力勢能為 0，彈性勢能增加。所以 A 點的動能等於 D 點彈性勢能，C 錯誤。小球在 A 點和 D 點的速度為 0，動能為 0，所以 D 正確。

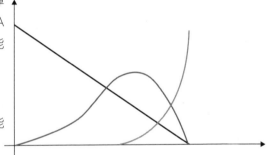

重力勢能，彈性勢能，動能隨位置變化如圖所示。

Q2. B

【**解析**】本題考查的是浮力，通常考查浮力的試題均把液體的密度視作均勻的，但本題溶液的密度隨深度增加而均勻增加，因而大大增加了本題的難度。如果溶液密度均勻，則甲乙受到的浮力相同，重力相同，則它們受到的拉力也相同，則彈簧的長度也相同。由於甲乙體積相同，所以乙的直徑大於甲的邊長，乙將有一部份比甲更深入水中，如

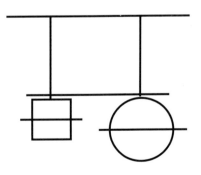

圖所示。現在考慮一種極限情況，當液體密度變化率足夠大，使乙比甲更深入的這部份受到的浮力大於甲整體的浮力，則乙受到的浮力比甲大，甲受到的拉力比乙大。

這種不易定量解決的問題，可以採
用從一般到特殊，進行極限假設，
定性的解決問題。

Q3. C

【解析】本題考查超重，失重，可以從多個角度考慮。1.鐵塊 A 被吸起瞬間，A 對 B 的吸力大於 A 的重力，此時 B 及支架受到向下的力大於未通電時，所以左盤會下降。2. A 被吸起瞬間，A 處於超重狀態，所以左盤會下降。可以設想一個體重 60kg 的人稱體重，靜止時稱顯示 60kg，當他跳離稱時，稱的顯示必然大於 60kg。

Q4. C

【解析】本題考查角速度與線速度。齒輪同軸則角速度相同，齒輪相切則線速度相同。C 和 D 相切，線速度相同，D 的半徑大於 C 的半徑，所以 D 的角速度小於 C 的角速度，B 和 D 同軸，角速度相同，B 和 A 相切，線速度相同，A 的半徑大於 B 的半徑，所以 A 的角速度小於 B 的角速度。所以角速度 C>D=B>A。

Q5. C

【解析】本題考查水壓，迎著水流方向水壓增加，背著水流方向水壓減小。而且 A、B、C 都順著水流，而 C 與 A、B 不同，可見 A、B 正確，C 錯誤。

Q6. B

【解析】選項中為水壩的俯視圖。拱形可以將力分解為橫向和縱向，可以承受更大的力，如圖 B 所示，拱頂所受的水壓可以通過供體傳遞給河岸，以減少壩身的壓力。

Q7. B

【解析】本題考查平衡力，摩擦力。平衡力的定義是兩個力作用在同一物體上。且在同一直線上，方向相反，大小相等。本題中繩拉牛的力和地面對牛的摩擦力就是一對平衡力，而繩拉牛的力與牛拉繩的力是作用力與反作用力。

Q8. D

【解析】F2 與 A 對 B 的摩擦力都作用於 B 上，由於 B 靜止，所以它們是一對平衡力；由於 F1 和 F2 的方向相反，它們的合力為 5N，則 A 受到的摩擦力為 5N；物體從靜止開始運動，動力要大於它的最大靜摩擦力，而最大靜摩擦力大於滑動摩擦力，所以 A 和 B 在地面做勻速直線運動受到的摩擦力小於 10N。兩個互相接觸的物體，當它們發生相對運動或有相對運動趨勢時，，在兩物體的接觸面之間有阻礙它們相對運動的摩擦力，如果撤銷 F2，保留 F1，A 和 B 仍然保持靜止狀態，則 A、B 間沒有相對運動趨勢，因此也不存在摩擦力。

Q9. B

【解析】對球做受力分析，如圖，當角度逐漸減小，AB 對球的壓力增大，當球落地時，壓力為 0。

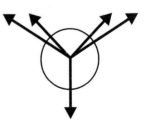

Q10. A

【解析】鉛球和棉球都被浸入水中，它們受到的浮力等於它們排開水的重力，由常識可知鉛球的密度大於棉球，在重量相同的情況下，鉛球的體積小，排開水的體積也小，受到的浮力比棉球小，所以掛鉛球的彈簧秤的讀數大。

Q11. D

【解析】本題考查角速度與線速度。齒輪同軸則角速度相同，齒輪相切則線速度相同。C 和 D 相切，線速度相同，D 的半徑大於 C 的半徑，所以 D 的角速度小於 C 的角速度，B 和 C 同軸，角速度相同，B 和 A 相切，線速度相同，A 的半徑小於 B 的半徑，所以 A 的角速度大於 B 的角速度。所以角速度 D。

Q12. B

【解析】本題考查平衡力和摩擦力。平衡力的定義是兩個力作用在同一物體上。且在同一直線上，方向相反，大小相等。本題中繩拉牛的力和地面對牛的摩擦力就是一對平衡力，而繩拉牛的力與牛拉繩的力是作用力與反作用力。

Q13. C

【解析】此題無法直接根據固體壓強公式 $P = F/S = mg/S$，因為不知道底面積為多少，但因為是均勻的圓柱體，所以可以對公式進行變形：$m = \rho \cdot V = \rho \cdot Sh$，所以，$P = (\rho \cdot Sh \cdot g)/S = \rho gh$，而題幹告知三個圓柱體的材料相同，所以密度一致，而高又相等，所以根據此公式可知三者對地面壓強一樣大。

Q14. D

【解析】浸在水中的物體所受浮力產生的原因就是上、下表面受到的壓力差，即 $F_{浮}=F_{下}-F_{上}$。圖中 A 木塞的下表面並沒有受到水的壓力，因此 A 木塞沒有受到水的浮力，而 B 木塞則上、下表面都有部份受到水的壓力，所以它會受到一定的浮力。

Q15. D

【解析】在電動汽車從斜面底部運動到斜面頂部的過程中，由於速度、質量都沒有變化，所以動能不變；由於在豎直向上方向位移增加，所以重力勢能隨之增加；動能和勢能之和為機械能，動能沒有變化，重力勢能增加，所以機械能也增加。

Q16. D

【解析】木箱做勻速直線運動時，在水平方向上所受到的力是平衡的，推力和摩擦力應當數值相等、方向相反，所以，推力也應當是 200N，而合力在平衡狀態下為 0N。

Q17. D

【解析】此題需要注意理解液體對底面的壓力與固體對底面壓力的區別，由於液體是流體，所以對容器底面的壓力並不一定等於液體所受的重力，容器的側壁也會承擔一部份壓力，除非容器是柱體時，液體對容器底面的壓力才等於它所受的重力。根據液體壓強計算公式 $P=\rho gh$ 可知，液體對底面的壓強只和該液體的密度和高度有關。本題中，密度、高度均相等，所以三者壓強也應當相等；又根據壓力公式 $F=PS$ 可知，由於底面積相等，所以液體對底面的壓力也應當相等。

Q18. A

【**解析**】根據功的計算公式：W =FS，某力對物體做功多少只與該力的大小以及物體在該力的方向上的位移有關，本題在 AB 段和 BC 段距離相等，且物體一直受恆定拉力 F，所以做功也應當相等。

Q19. B

【**解析**】人用手握住啤酒瓶，由於啤酒瓶受到重力的作用，有從手中下滑的趨勢，

瓶與手之間存在摩擦，啤酒瓶受到與重力方向相反、豎直向上的摩擦力。當所受摩擦力與重力相等時，啤酒瓶受力平衡，處於與手相對靜止的狀態，此時摩擦力為靜摩擦力；當手的握力增加時，靜摩擦力並不會改變，其大小仍舊與它本身所受重力相等，但是手對瓶的壓力增大，將使瓶子與手之間能夠產生的最大靜摩擦力的數值也將增大，反之亦然；當向瓶中注入水時，由於瓶子與水的質量增加，所以所受重力也增加，為維持靜止狀態，靜摩擦力也相應增大，當達到最大靜摩擦力的極限時，如果再注水將突破極限，重力大於靜摩擦力，瓶子不再保持靜止而從手中滑下。

Q20. D

【**解析**】物體的浮沉取決於浮力與重力的大小關係：G＞F 下沉，G＜F，當 G =F 時，物體可以停留於水中的任何位置。要改變浮沉情況，可以通過改變浮力大小，也可以通過改變重力大小來實現。潛水艇是通過水艙的充水或排水來改變自重，進而達到改變浮沉目的的。在水中無論上升，還是下沉，其所受浮力是不變的。

Q21. D

【解析】在不計空氣阻力時，皮球在空中運動過程中的機械能保持不變；慣性大

小跟物體的質量有關，而與物體的運動狀態無關，物體的運動不是由於慣性所引起，靜止的物體也具有慣性；物體在上升過程中，動能不斷轉化為重力勢能，也就是說，動能不斷減小，勢能不斷增加；在皮球接觸地面的瞬間，動能轉化為彈性勢能，在再次彈起的瞬間，彈性勢能轉換為動能，所以彈性勢能應當是先增大後減小。

Q22. C

【解析】彈簧測力計是根據"在測量範圍內，彈簧的伸長跟受到的拉力成正比"的原理制成的，這裡的"拉力"是指彈簧測力計一端所受的作用力，所以示數應該是 400N。

Q23. A

【解析】本題比較簡單，只要知道拉力和重力之和即為鋼件所受合力即可。需要注意的是力是有方向的，所以當拉力是 5050N 時，重力應當是 -5000N，二者合力為 50N，且方向和較大的力（即拉力）的方向一致。

Q24. C

【解析】船閘是根據連通器原理工作的。當船從下游駛來時，首先打開閥門 B，

使閘內水位和下游水位一致，然後打開閘門 D，這樣，船可以駛入閘室；然後關閉閥門 B、閘門 D，打開閥門 A，這樣，水從上游流入閘室，當水位內外一致時，打開閘門 C，船就可以駛出。所以答案為 C。

Q25. C

【解析】由槓桿的平衡條件 $F_1L_1=F_2L_2$，現題干阻力 G 乘以阻力臂 OA 為一定值，故動力 F 乘以動力臂等於這一定值，要使動力 F 最小，則動力臂必須最大，而動力臂是支點到動力作用線的垂直距離，據此，過動力作用點到三條力的作用線的距離（F_4 排除，應為它不是動力）應當是 F_3 最長，答案為 C。

Q26. B

【解析】原來小球受繩的拉力作用做圓周運動，繩子突然斷了，小球在水平方向

上失去了外力作用，根據牛頓第一運動定律（任何物體，在不受外力作用時，總保持勻速直線運動狀態或靜止狀態，直到其他物體對它施加作用力迫使它改變這種狀態為止），小球將保持繩斷時刻的速度大小和方向（原先圓周的切線方向）運動。

Q27. C

【解析】乒乓球完全浸沒在水中時，因為在重力方向還存在手對乒乓球的作用力， 所以浮力大於重力；因為浮力大小與液體深度無關，所以當放手時，浮力仍舊保持不變，此時因為浮力大於重力，球向上運動；當球露出水面時，排開水的體積變小，浮力相應變小，當浮力等於重力時，球靜止在水面上。

【 鳴謝 】

　　本書得以順利出版，有賴各界鼎力支持、協助及鼓勵，並且給予專業指導，在內容的構思以及設計上提供許多寶貴意見，本人對他們尤為感激，藉著這個機會，本人在此謹向他們衷心致謝。

香港科技專上書院 校長　時美真博士
香港科技專上書院 消防員 /
救護員實務 毅進文憑課程各位老師及行政部同事

看得喜 放不低

創出喜閱新思維

書名	投考消防救護 能力傾向測試解題天書（修訂第四版）
ISBN	978-988-74807-9-2
定價	HK$138
出版日期	2022年9月
作者	Eric Sir、Mark Sir
責任編輯	投考紀律部隊系列編輯部
編審	香港通識教育資源及創新協會
版面設計	samwong
出版	文化會社有限公司
電郵	editor@culturecross.com
網址	www.culturecross.com
發行	香港聯合書刊物流有限公司
	地址：香港新界大埔汀麗路36號中華商務印刷大廈3樓
	電話：（852）2150 2100
	傳真：（852）2407 3062

網上購買 請登入以下網址：

一本 My Book One　　　香港書城 Hong Kong Book City
🌐 (www.mybookone.com.hk)　🌐 (www.hkbookcity.com)